la vie extraterrestre

ESSENTIELS

la vie extraterrestre

communications interstellaires colonisation de l'espace

Jean-Claude Ribes
Guy Monnet

Larousse

17, RUE DU MONTPARNASSE, 75298 PARIS CEDEX 06

Direction de la collection
Emmanuel de WARESQUIEL

Coordination éditoriale
Philippe de LA COTARDIÈRE

Correction-révision
Bernard DAUPHIN, Pierre COËT, Claude DHORBAIS

Dessin
Laurent BLONDEL, Marc MOSNIER

Iconographie
Bernard CROCHET

Mise en pages
Daniel LEPRINCE

Fabrication
Michel PARÉ

ISBN 2-03-740063-2

SOMMAIRE

AVANT-PROPOS

La notion de civilisations extraterrestres est depuis quelques années très présente dans l'imaginaire de notre propre civilisation. Romans de science-fiction, feuilletons télévisés, films à grand spectacle l'ont popularisée. Chacun sait de plus que les radioastronomes sont à l'écoute de messages éventuels en provenance de l'espace.

Jusqu'à quel point cette écoute est-elle justifiée ? Dans le foisonnement des idées romanesques sur le nombre et la nature des civilisations extraterrestres, que peuvent retenir comme plausible des scientifiques de bonne volonté ? C'est ce que nous tentons de discerner ici.

Les civilisations extraterrestres ont fait l'objet depuis une dizaine d'années d'un certain nombre de livres écrits par des scientifiques. Tous ces ouvrages cherchent à analyser tout ou partie du paradoxe énoncé par Enrico Fermi dès 1950, qu'on peut ainsi résumer : le Soleil est une étoile moyenne, semblable à quantité d'autres dans la Galaxie. Beaucoup de ces étoiles doivent, comme lui, être entourées de planètes. La Terre est une planète moyenne. Sur de nombreuses planètes semblables à elle, la vie a dû naître, l'intelligence se développer, et une civilisation technologique se construire. Ces civilisations ont dû essaimer dans la Galaxie et parvenir jusqu'à nous. Or nous ne voyons pas leurs représentants. Où sont-ils ?

Cet ouvrage, conformément à l'esprit de la collection « Essentiels », s'efforce de présenter les différentes thèses en présence, et de situer ainsi les nôtres dont certaines paraîtront, croyons-nous, très nouvelles. Le paradoxe de Fermi en est le fil conducteur. Une première partie s'attache à évaluer le nombre de civilisations susceptibles d'entrer en contact avec nous par des messages radio ou des missions. Une deuxième aborde le problème de nos contacts, réels ou supposés aujourd'hui, possibles ou non demain, avec ces civilisations. Notre conclusion s'exprimera sous forme de recommandations.

PREMIÈRE PARTIE

VIE ET CIVILISATIONS EXTRATERRESTRES

INTRODUCTION

La science et les extraterrestres

Tout au long des âges, des philosophes, des savants, des écrivains ont eu l'intuition que l'Univers abritait d'autres êtres vivants.

Les philosophes grecs sont très nombreux à enseigner l'existence extraterrestre. Dès l'école ionienne, avec Thalès, la possibilité de cette vie est envisagée et prise au sérieux.

« Tout cet univers visible, dit le poète latin Lucrèce, n'est pas unique dans la nature, et nous devons croire qu'il y a, dans d'autres régions de l'espace, d'autres terres, d'autres êtres et d'autres hommes. » Éloquent et prodigieux Lucrèce qui s'écrie dans son *De natura rerum* : « Si les innombrables flots créateurs s'agitent et nagent sous mille formes variées à travers l'océan de l'espace infini, n'auraient-ils enfanté dans leur lutte féconde que l'orbe de la Terre et sa voûte céleste ? Croirait-on qu'au-delà de ce monde un si vaste amas d'éléments se condamne à un oisif repos ? Non, non ; si les principes générateurs ont donné naissance à des masses d'où sortirent le ciel, les ondes, la Terre et ses habitants, il faut convenir que, dans le reste du vide, les éléments de la matière ont enfanté sans nombre des êtres animés, des mers, des cieux, des terres, et parsemé l'espace de mondes semblables à celui qui se balance sous nos pas dans les flots aériens. Partout où la matière immense trouvera un espace pour la contenir et ne rencontrera nul obstacle à son essor, elle fera éclore la vie sous des formes variées. »

Tout cela ne reposait pas sur des éléments bien sérieux, c'est incontestable. Mais comment ne pas s'enthousiasmer à la pensée que des croyances aussi poétiques sont en train de prendre corps ?

À ces envolées lyriques mais géniales succède pendant quinze siècles l'interprétation étroite des livres sacrés, qui impose l'aveuglement et justifie la lâcheté intellectuelle. L'homme s'incline provisoirement, mais pour bien trop longtemps, hélas, sous l'injonction fameuse de Tertullien : « Celui qui croit ne désire rien de plus. »

Avec la Renaissance, l'idée des mondes habités renaît de ses cendres, non sans risque pour ses premiers propagateurs. Ainsi, le 17 février 1600, le moine italien Giordano Bruno périssait sur le bûcher. Il avait, entre autres hérésies, professé que le cosmos contient « une infinité de soleils avec autour d'eux des planètes habitées ». La position de l'Église catholique a bien évolué sur ce point (voir encadré).

Au XVIIe siècle, philosophes et savants, enthousiasmés par les découvertes d'optique qui leur donnent lunettes puis télescopes, se livrent avec passion à l'observation des astres. Mais c'est grâce au plaisant Fontenelle et à ses *Entretiens sur la pluralité des mondes* publiés en 1686 que l'idée atteint le grand public.

Il est évident qu'il ne suffit pas à une doctrine d'avoir un grand nombre de défenseurs pour devenir vraie. On n'en est pas moins fortement impressionné de constater combien sont nombreux les philosophes célèbres qui n'ont pas hésité à risquer leur réputation, on dirait aujourd'hui à se compromettre, en soutenant qu'il n'était pas raisonnable de limiter la vie à notre planète.

La formule de Drake

Ce n'est qu'en 1960 que l'astrophysicien américain Frank Drake a posé avec rigueur le problème de l'existence de vie et de civilisations extraterrestres dans un contexte scientifique. La formule de Drake est maintenant le passage obligé pour toute analyse de l'existence de vie extraterrestre. Le mot formule ne doit cependant pas tromper ni rebuter le lecteur ; il s'agit en fait d'un moyen quasi mnémotechnique d'énumérer dans leur ordre logique les conditions qui sous-tendent l'existence de civilisations étrangères, éventuellement susceptibles de communiquer avec nous.

L'Église catholique et la vie sur d'autres mondes

Il y a une vingtaine d'années, à l'occasion de la sortie d'un autre ouvrage sur le sujet, un point de vue « officiel » fut exprimé par le père Berthier, secrétaire général de la Fédération des organismes de communication sociale :

Q. Y a-t-il une opposition de l'Église en face de l'idée d'une vie sur une autre planète ?
— Une autre vie, de multiples autres vies, sur d'autres planètes, en d'autres galaxies, pourquoi pas ?...

Q. Dans l'hypothèse de « vie » sur d'autres planètes, est-ce que cela pose la question de plusieurs Christ dans l'Univers ?
— Le Christ est le Fils de Dieu « assumant » une nature d'homme, celle de Jésus de Nazareth. Mais rien n'empêche que le Fils de Dieu ait assumé d'autres natures de vivants, s'il en existe ailleurs... Il n'est pas non plus « fatal » que ces autres êtres aient eu besoin, ou aient un jour besoin de l'incarnation d'un Dieu parmi eux.

La difficulté d'une approche scientifique de cette question est aisée à saisir : nous ne connaissons qu'un seul exemple de planète où la vie existe, la Terre, et, sur cette planète qu'une seule espèce qui ait été capable de construire une civilisation, la nôtre. Si nous découvrions ne serait-ce qu'un autre cas similaire autour d'une autre étoile, ce serait un pas de géant pour prouver que ce phénomène est en fait très répandu. Nous sommes, *mutatis mutandis*, dans la situation des Européens avant Christophe Colomb : beaucoup alors s'imaginaient que des espèces séparées d'hommes-singes existaient dans les contrées lointaines et sauvages. La découverte que les indigènes des Caraïbes étaient des humains à part entière a fait beaucoup pour prouver l'unicité de la race humaine. Vis-à-vis du problème du peuplement de la Galaxie, nous vivons encore en des temps précolombiens, et nous ne savons pas si notre civilisation est un événement rare, voire unique dans l'Univers tout entier, ou tout au contraire un phénomène d'une parfaite banalité, tous les intermédiaires entre ces positions extrêmes étant *a priori* permis.

Comment F. Drake a-t-il alors procédé ? Faute de la voie royale d'un résultat expérimental qui peut venir un jour, mais seulement si le résultat est positif, c'est-à-dire s'il y a effectivement des civilisations extraterrestres, il a proposé d'estimer le nombre N de civilisations présentes dans la Galaxie en énumérant, puis en évaluant avec soin tous les facteurs qui contribuent au résultat cherché.

La première condition est la présence d'étoiles dans notre galaxie, la seconde celle de planètes autour de ces étoiles ; vient ensuite la présence de vie sur ces planètes, puis le développement de vie intelligente, et enfin la présence d'une civilisation. Tous ces facteurs agissent en cascade et devront être estimés séparément. Quantitativement, nous évaluerons les valeurs suivantes :

R_e, le taux moyen de formation d'étoiles dans notre galaxie, au cours de son existence, exprimé par le nombre d'étoiles qui y naissent chaque année.

F_p, la proportion de ces étoiles possédant un système de planètes.

n_p, le nombre moyen de ces planètes où les conditions physiques sont compatibles avec la vie.

F_v, la proportion de ces planètes où effectivement la vie est apparue.

F_i, la proportion de planètes dotées de vie, où des organismes intelligents sont apparus.

F_c, la proportion de ces derniers qui ont développé une civilisation capable (et désireuse) de communiquer.

L_c, la durée de vie moyenne d'une telle civilisation en années.

Si, par aventure, l'un quelconque de ces facteurs était nul, le nombre N serait évidemment nul. C'est également une conséquence immédiate de la formule de Drake qui exprime le nombre de civilisations actuellement présentes, N, par le produit de ces 7 facteurs, soit :

$$N = R_e \times F_{px}\, n_p \times F_v \times F_i \times F_c \times L_c$$

On peut critiquer ou « améliorer » cette formule ; certains biologistes ont proposé récemment de décomposer le facteur F_v en plusieurs probabilités : d'apparition de molécules organiques, de groupement de ces molécules en polymères, d'apparition de systèmes appelés *coacervats,* de la capacité de ces systèmes à se reproduire, puis à évoluer vers la complexité... Il n'y a pas vraiment de justification scientifique à cette décomposition, qui n'est d'ailleurs pas innocente : en effet, si l'on multiplie les facteurs et que, par souci de prudence, on attribue à chacun une valeur inférieure à un, on fait baisser inéluctablement la valeur de N, sans avoir apporté aucun argument nouveau. Nous reprocherions plutôt à la formule de Drake de comporter déjà trop de facteurs difficiles à estimer. Néanmoins, elle a le mérite d'exister, et à défaut de donner un résultat quantitativement rigoureux, elle constitue au moins, comme nous l'avons dit plus haut, une liste des facteurs à étudier.

Il convient de noter que nous connaissons au moins une limite inférieure de N, soit N = 1 (nous-mêmes !). C'est encore un peu court, et, pour en savoir un peu plus, une bonne connaissance de chacun des éléments de la formule est malheureusement nécessaire.

Les trois premiers facteurs sont de nature astronomique, les deux suivants relèvent de la biologie, et les deux derniers de la sociologie. Nous pouvons analyser de façon assez rigoureuse la partie astronomique ; la partie biologique est beaucoup plus hasardeuse, et, pour les deux derniers points, il n'est en l'état actuel de nos connaissances que bien peu de scientifique qui puisse être avancé.

Les chapitres suivants s'efforceront néanmoins d'analyser point par point nos connaissances dans ces trois domaines, et de donner, sinon toujours des valeurs précises, au moins des fourchettes « raisonnables ».

La tâche est difficile, on le voit. Il n'en est pas moins vrai que l'étude de l'existence de la vie extraterrestre est ainsi sortie du domaine purement spéculatif pour entrer dans celui de l'approche scientifique. L'Union astronomique internationale, qui regroupe l'ensemble des astronomes professionnels du globe, l'a reconnu en créant en son sein une Commission « Bioastronomie : recherche de vie extraterrestre » et le sujet, devenu respectable, fait l'objet de colloques internationaux réguliers.

CHAPITRE 1

La multitude des planètes

« Il y a plus de choses sur la Terre et dans le Ciel, Horatio, que dans toute notre philosophie. »

Shakespeare, *Hamlet*

Nous allons brosser ici un rapide tableau de l'histoire et de l'évolution de l'Univers, et plus particulièrement du système solaire, en vue d'estimer les deux premiers facteurs de la formule de Drake, le taux de formation d'étoiles, et la proportion de ces étoiles qui ont un système planétaire. Le lecteur curieux trouvera en annexe, à la fin du livre, plus de détails sur les mécanismes de formation des étoiles et des planètes et sur les moyens de détection des systèmes planétaires.

Du Big Bang au système solaire

Selon la théorie quasi unanimement admise aujourd'hui, l'Univers est né il y a environ quinze milliards d'années d'une gigantesque explosion, le Big Bang (en français, le Grand Boum). L'observation montre qu'il est formé de milliards de galaxies, rassemblées en amas plus ou moins lâches. Chaque galaxie est en moyenne composée de plusieurs centaines de milliards d'étoiles. Nous-mêmes appartenons à une galaxie de bonne taille, mais nullement exceptionnelle, située à la frange d'un groupement riche de plus de 10000 galaxies, le Superamas de la Vierge. Cette galaxie nous est visible sous la forme d'une bande laiteuse qui traverse le ciel nocturne au printemps et en été, la Voie lactée, que Galilée a été le premier à résoudre en étoiles. On l'appelle souvent la Galaxie, avec un grand G un peu chauvin !

La Galaxie est d'un type très fréquent ; c'est une galaxie spirale. Comme toutes ses consœurs, elle possède un bulbe central presque sphérique formé d'étoiles vieilles de plus de dix milliards d'années et très pauvres en éléments « lourds » : carbone, azote, oxygène, fer... Tout autour, un immense disque plat formé de gaz et d'étoiles riches en ces éléments indispensables à la vie. Le diamètre du disque galactique est de 100000 années de lumière (voir encadré). Le Soleil n'y est qu'une étoile parmi plus de cent milliards d'autres, située à 30000 années de lumière environ du centre galactique.

Le Soleil est entouré de corps plus petits, qui forment avec lui le système solaire. Il y a d'abord neuf planètes principales, qui tournent autour de l'astre central sur des orbites à peu près circulaires.

Les distances dans l'Univers

Si l'on compte en kilomètres, on peut apprécier la distance Terre-Lune (quatre cent mille kilomètres), un peu la distance Terre-Soleil (cent cinquante millions de kilomètres), mais, au-delà, les chiffres deviennent « astronomiques » et ne nous parlent plus ! Dans le système solaire, on emploie parfois l'unité astronomique, distance de la Terre au Soleil. Mais l'unité la plus employée est le temps que met la lumière, à raison de trois cent mille kilomètres par seconde, pour franchir une distance donnée : un peu plus d'une seconde pour le trajet Terre-Lune, huit minutes et demie pour Terre-Soleil, quatre ans pour l'étoile la plus proche, *Proxima* du Centaure cent mille ans pour traverser la Galaxie, deux millions d'années pour la galaxie d'Andromède, et quelques milliards d'années pour les plus lointaines connues. Le terme correct est « année de lumière », mais on emploie couramment « année-lumière ».

Par distance croissante au Soleil, on trouve d'abord Mercure, petit globe sans atmosphère dont la face éclairée atteint 450 °C tandis que son hémisphère plongé dans la nuit reste à — 180 °C. Vénus, jumelle de la Terre par la taille, est entourée d'une épaisse atmosphère, et son sol est à près de 500 °C. La Terre occupe la troisième place, suivie par Mars, petite planète à l'atmosphère ténue et froide. Puis viennent les quatre planètes géantes, gazeuses et glacées : la plus grosse, Jupiter, dont le diamètre vaut dix fois celui de la Terre et le dixième de celui du Soleil, suivie par Saturne, Uranus et Neptune. Enfin Pluton, petite planète glacée, est à cinq heures et demie de lumière du Soleil.

La plupart de ces planètes sont entourées de satellites, comme la Terre a la Lune : si Mercure et Vénus en sont dépourvues, les planètes géantes disposent de véritables cortèges (vingt satellites au moins pour Saturne). On trouve encore les astéroïdes, ou petites planètes, aux orbites parfois elliptiques, qui circulent dans tout le système, avec une accumulation entre les orbites de Mars et de Jupiter. Il y a enfin les comètes, petits blocs de glace et de poussières dont les orbites s'allongent jusqu'aux confins du système solaire, et qui s'approchent parfois suffisamment du Soleil pour qu'une partie de leur substance se vaporise, donnant naissance à la chevelure et à la queue qui caractérisent ces apparitions.

Dans tout ce système, l'homme n'a encore pris pied que sur la Lune, avec le premier pas historique de Neil Armstrong en 1969. Des sondes automatiques se sont posées sur Mars et Vénus, et d'autres ont survolé de près Jupiter, Saturne, Uranus, Neptune (et leurs satellites), et la comète de Halley. Il faudra attendre le début du siècle prochain pour reprendre l'exploration humaine, avec l'installation d'une base lunaire et la première expédition vers Mars.

La formation des étoiles

La matière interstellaire se répartit dans la Galaxie en vastes nuages, les nébuleuses. Sous l'effet de leur attraction mutuelle, les molécules de ces nuages tendent à se rapprocher les unes des autres : la pression dans le nuage augmente, et avec elle la température, jusqu'à ce qu'une densité critique soit atteinte et que des réactions thermonucléaires s'allument. Une nouvelle étoile est alors née.

Pour évaluer le taux de formation d'étoiles dans le disque de notre galaxie, il nous faut à la fois estimer leur âge moyen et leur nombre total. L'âge du système solaire est, lui, parfaitement connu : près de 5 milliards d'années. L'âge total de la Galaxie a été estimé de façon un peu plus indirecte, mais encore très satisfaisante. La composition chimique des étoiles, qui peut être déterminée à partir de l'analyse spectrale de leur lumière, permet en effet d'évaluer leur âge. Les plus vieilles étoiles ainsi détectées se sont formées il y a quelque 15 milliards d'années, que nous prendrons donc comme estimation de l'époque de formation de notre galaxie.

Le nombre d'étoiles est plus difficile à connaître, et il va sans dire qu'elles n'ont pas été comptées une par une. Ce qui a été possible par contre, quoique assez délicat, a été de les peser. La « balance » astronomique n'utilise, il est vrai, ni tare ni peson, mais simplement l'effet de la gravitation, dont l'utilisation est universelle pour déterminer la masse des corps célestes : connaissant la distance du Soleil au centre galactique, environ 30000 années de lumière, et la vitesse moyenne de rotation de la Galaxie sur elle-même dans le voisinage solaire, 250 km par seconde, soit un tour complet en 240 millions d'années, on peut estimer la masse totale de la Galaxie à 140 milliards de fois la masse du Soleil. La masse moyenne des étoiles du disque étant proche de celle du Soleil, nous obtenons notre estimation : quelque 150 milliards de soleils se sont formés dans la Galaxie au cours de sa quinzaine de milliards d'années d'existence, ce qui donne pour le taux de formation R_e une valeur de 10 soleils/an.

La formation du système solaire

On peut sommairement classer les théories de formation des planètes en deux groupes : les théories « catastrophiques », qui nécessitent une rencontre exceptionnelle, et les théories « naturelles », qui considèrent cette formation comme un événement normal dans la vie d'une étoile. Le choix entre ces deux groupes de théories n'est pas indifférent pour notre propos. Comme nous le verrons par la suite, si la première se trouvait d'aventure être la bonne, nos chances d'être entourés d'extraterrestres deviendraient insignifiantes. La seconde, par contre, autorise tous les espoirs.

Historiquement, les théories catastrophiques ont été avancées les premières. Elles supposaient un choc direct entre le Soleil et une autre étoile, événement si rare (on estime qu'il n'a pas dû y avoir plus d'une dizaine de telles collisions dans toute la Galaxie depuis sa formation) qu'on devait alors considérer le système solaire comme un cas pratiquement unique dans la Galaxie. Une version plus récente impliquait seulement un passage rapproché d'une autre étoile au voisinage du Soleil, lui arrachant des jets de matière dont une partie se serait mise en orbite autour du Soleil et se serait condensée sous forme de planètes. Ces théories sont maintenant complètement abandonnées, car elles ne pouvaient expliquer l'ensemble des caractéristiques du système solaire.

Les théories « naturelles », qui rendent mieux compte de ces particularités, sont maintenant adoptées de façon quasi universelle, et amènent à considérer les planètes comme un phénomène banal. Leur principe de départ est que les planètes se forment presque en même temps que l'étoile centrale, à partir d'une nébuleuse primitive en forme de disque en rotation. L'étoile se forme d'abord, au cours d'une évolution assez violente, puis, après refroidissement, une partie du disque commence à se coaguler pour former des planètes, et le reste est dissipé par les vents stellaires de l'étoile, où des réactions de fusion thermonucléaire se sont, entre-temps, déclenchées. Ce schéma global permet d'expliquer la très faible vitesse de rotation de l'étoile elle-même, comme par exemple le Soleil, et la composition chimique observée des planètes. Il apparaît donc, selon les théories actuelles, que les étoiles doivent normalement être accompagnées de planètes. Pouvons-nous aller plus loin ?

Des preuves indirectes à l'observation directe

Si un nuage de gaz en rotation se condense pour former une étoile isolée, l'étoile tournera rapidement sur elle-même. Si, au contraire, le nuage donne naissance à une étoile entourée de planètes, ces dernières emporteront l'essentiel du moment angulaire (v. annexe), et l'étoile tournera lentement. Or, les mesures de vitesses de rotation montrent que les étoiles relativement froides, d'un type proche du Soleil, tournent lentement, comme lui. Il est donc logique de penser qu'elles sont accompagnées de planètes. Et, comme ces étoiles représentent les deux tiers des étoiles de la Galaxie, on a une première preuve expérimentale, quoique encore fort indirecte, de l'abondance de planètes dans l'Univers !

Ces planètes, il ne suffit pas cependant de déduire leur existence par de beaux raisonnements : l'astronome, tel saint Thomas, aimerait bien les voir ! Leur existence, alors, ne souffrirait plus de discussion. Hélas, le problème est d'une difficulté effroyable, car les planètes ne font que réfléchir la lumière de leur étoile, et sont donc beaucoup moins brillantes que celle-ci, à tel point qu'il est impensable de les observer du sol, et même de l'espace, avec les télescopes actuels.

Les méthodes aujourd'hui les plus prometteuses se fondent sur les très légères perturbations que font subir au mouvement d'une étoile les corps qui gravitent autour d'elle. Ces méthodes ont permis de trouver des compagnons à certaines étoiles proches, mais d'une masse telle (plusieurs fois celle de Jupiter) qu'on ne peut pas véritablement parler de planètes. Un ou deux cas sont à la limite, mais il n'y a pas encore de détection indubitable de planète, et il faudra vraisemblablement attendre dix à vingt ans pour avoir des observations décisives dans ce domaine.

Combien de planètes ?

Dans l'état actuel des connaissances, les astronomes n'ont donc qu'un faisceau de présomptions sur l'existence de planètes hors du système solaire. Aucune planète extérieure au système solaire n'a encore été vue (et encore moins touchée !). *A fortiori*, une estimation de la fréquence statistique des planètes ne peut être pour l'instant que très vague. Nous espérons cependant avoir montré que la balance penche fortement pour estimer « que l'on a autant de chances de trouver des planètes autour d'une étoile que des poussins autour d'une couveuse ». On est donc fort tenté de prendre pour la proportion d'étoiles entourées de planètes la valeur « optimiste » $F_p = 1$, dans la formule de Drake.

Cela suppose toutefois que nous considérions le système solaire comme typique ; or il ne l'est pas sur un point très fondamental. Le Soleil est en effet une étoile isolée, ce qui n'est pas, et de loin, la règle : en fait, il n'y a que 20 % environ des étoiles qui soient ainsi isolées, toutes les autres appartenant à des systèmes doubles ou multiples (v. annexe).

On pourrait craindre *a priori* que le champ de gravitation compliqué créé par deux étoiles en orbite l'une autour de l'autre ne puisse inhiber complètement la formation de planètes. L'étude théorique de ce problème est encore dans l'enfance ; dans une proportion significative des cas, l'apparition de planètes dont la distance aux deux étoiles ne varie pas trop au cours de leur révolution, apparaît cependant possible. Nous tiendrons néanmoins compte de cette difficulté en prenant, dans l'hypothèse optimiste, $F_p = 0{,}5$ seulement. Pour l'évaluation pessimiste, nous supposerons que seules les 20 % environ de véritables étoiles simples puissent former des planètes, ce qui donne $F_p = 0{,}1$. Il faut souligner que, même dans ce dernier cas, c'est encore près de 10 milliards de systèmes planétaires que nous envisageons dans notre seule galaxie. Comme on le voit, le nombre de nos interlocuteurs potentiels, du moins à ce stade, ne semble pas négligeable !

CHAPITRE 2

Les planètes propices à la vie

« Vous voudriez de ma bouche tenir
comment la Lune est faite et si quelqu'un habite
dans la rotondité de cette cucurbite »

E. Rostand, *Cyrano de Bergerac*

Quelle forme de vie ?

Les auteurs de science-fiction imaginent parfois des formes de vie non tributaires d'une planète, existant dans l'espace sous forme d'énergie pure (nous aimons bien les romans de Van Vogt sur ce thème, mais nous ne voyons guère de sens scientifique à ce concept...) ou de grandes nébuleuses : dans son roman, *le Nuage noir,* l'astronome anglais Fred Hoyle décrit la rencontre des Terriens avec un vaste nuage moléculaire vivant et pensant. Du point de vue de la pure physique, nous ne pouvons pas dire qu'une telle vie est impossible (v. encadré), mais nous craignons que son apparition ne soit très improbable. En effet, la densité de matière dans l'espace interstellaire est extrêmement faible, et les interactions entre particules, pouvant donner lieu à des constructions complexes, sont donc très rares : un nuage noir, comme celui qu'imagine Fred Hoyle, mettrait donc un temps très long à se constituer ; de plus, sa taille se chiffrant en heures de lumière, la propagation des signaux à l'intérieur du nuage prendrait des heures, et cet être « penserait » donc très lentement. Il serait donc vraisemblablement victime de son gigantisme, comme l'ont peut-être été sur Terre, à une échelle bien moindre, les grands sauriens de l'ère secondaire.

D'autres formes de vie très exotiques ont été imaginées, qui se développeraient dans des environnements très différents d'une planète : ainsi une vie « nucléaire », qui pourrait exister à la périphérie du cœur d'une étoile et dont le métabolisme mettrait en jeu des réactions nucléaires, touchant aux noyaux des atomes eux-mêmes, au lieu des réactions chimiques utilisées par la vie sur Terre, qui ne font que déplacer des électrons. Autre hypothèse : une étoile à neutrons, ou pulsar, avec sa densité et ses champs magnétiques gigantesques, pourrait abriter des formes de vie supraconductrices, sans mouvement, mais échangeant de l'information à des débits inimaginables pour nous.

Toutes ces formes de vie sont bien hypothétiques et, à supposer qu'elles existent effectivement, elles seraient si différentes de nous qu'il est difficile d'imaginer que nous puissions un jour communi-

Le déséquilibre nécessaire pour faire de l'ordre

La propriété la plus fondamentale qui caractérise la vie est la capacité d'ordonner la matière qui l'entoure. Or, paradoxalement, il faut pour cela disposer d'un environnement fortement hors d'équilibre, d'une source de *néguentropie*, en langage de physicien ; l'état d'équilibre total, vers lequel tend obligatoirement tout système isolé, ne permet plus aucun changement, et correspond à la mort. Un bon exemple de système hors d'équilibre est une planète comme la Terre, avec une surface à faible température, environ 300 K, au voisinage d'un soleil beaucoup plus chaud, plus de 6000 K : c'est ce déséquilibre qui permet à la vie d'exister sur Terre, de même qu'un moteur à explosion ou une centrale électrique ne peuvent fonctionner qu'à partir de deux milieux à températures très différentes.

Un nuage moléculaire d'une température inférieure à 100 K, plongé dans le bain de radiation d'étoiles chaudes à près de 40000 K, constitue de ce point de vue un cas encore plus favorable.

quer avec elles, et même nous rendre compte de leur existence! Nous nous intéresserons donc ici à des formes de vie de même nature que la nôtre (mais pas forcément identiques).

Les planètes, berceaux de la vie

Une telle vie, lorsqu'elle atteint un état de civilisation avancée, peut fort bien s'adapter à une implantation dans l'espace, et donc se libérer de tout lien avec une planète ; nous développerons cette idée au chapitre 5. Mais il ne paraît pas possible qu'elle se forme dans l'espace : les conditions d'émergence et de développement de la vie, sur lesquelles nous reviendrons au chapitre suivant, sont beaucoup mieux remplies sur une planète. Quelles sont ces conditions ?

En gros, celles de la Terre, bien sûr : il ne faut pas croire, comme on l'imagine parfois, que la Terre nous paraît propice uniquement parce que la vie s'y est adaptée : en fait, les lois de la chimie, qui sont les mêmes dans tout l'Univers, permettent sans doute un grand nombre de combinaisons, mais dans des conditions relativement limitées.

Pour obtenir des molécules complexes, nécessaires à la réalisation d'êtres vivants, il n'existe qu'une filière vraiment efficace, celle du carbone ; on a souvent parlé de la chimie du silicium, mais cette dernière est beaucoup moins riche : il lui manque notamment ce solvant de base de la chimie du carbone, l'eau, constituant essentiel de toutes les formes de vie terrestre et présente de façon abondante dès l'origine de la Terre.

Le fait que cette chimie du silicium est moins efficace que celle du carbone est confirmé par deux observations : d'abord, sur Terre, il y a beaucoup plus de silicium que de carbone, et pourtant toutes les formes de vie que nous connaissons sont basées sur la chimie du carbone ; la deuxième expérience est plus récente et beaucoup plus universelle : des radioastronomes ont découvert dans l'espace, d'abord dans notre propre galaxie, puis dans des galaxies proches, de nombreuses molécules complexes ; or, si le silicium est présent dans quelques cas de molécules assez simples, le carbone figure dans près de cent molécules, dont certaines comportent une quinzaine d'atomes.

Il nous faut donc, semble-t-il, renoncer à imaginer la surface torride d'une planète, avec des plantes silicieuses libérant de l'oxygène par photosynthèse à partir de la silice, tandis que de féroces prédateurs, protégés par une épaisse carapace de verre, respirent en projetant un nuage de sable! D'ailleurs, les conditions idéales — richesse en silicium, température moyenne voisine de 500 °C — semblent être présentes depuis des milliards d'années sur Vénus, et ce type de vie ne s'y est pourtant pas développé.

Plus près de nous, l'analyse de météorites, dans des conditions excluant toute contamination terrestre, a montré l'existence d'acides aminés, molécules complexes qui constituent les « briques » de la vie terrestre : cette découverte ne prouve pas l'existence de vie extraterrestre, car les propriétés de ces acides aminés ne correspondent pas à celles des mêmes corps issus de la vie terrestre (v. encadré); mais elle confirme l'universalité de la chimie du

Molécules lévogyres et molécules dextrogyres

Pour les amateurs de chimie, rappelons que certaines molécules complexes, comme les acides aminés, peuvent exister sous deux formes géométriques, images l'une de l'autre dans un miroir, comme le sont notre main gauche et notre « main » droite : cette propriété s'appelle la *chiralité,* du grec *chiros,* main, qui a donné aussi la chiromancie, ou l'art de lire dans la main. Chacune de ces formes se reconnaît à l'effet qu'elle exerce sur la lumière polarisée, dont elle fait tourner le plan de polarisation vers la gauche *(lévogyre)* ou vers la droite *(dextrogyre).* Les deux formes sont également probables lors d'une réaction chimique, et existent alors en proportions égales : on dit qu'on a un mélange *racémique.* Par contre, les réactions biologiques, qui sont basées sur la stricte reproduction d'un modèle de base, vont donner naissance à une seule forme ; sur Terre, tous les acides aminés des êtres vivants sont *lévogyres.* Au contraire, les acides aminés trouvés dans les météorites sont en proportion *racémique,* et ne sont donc pas d'origine biologique.

carbone, et sa capacité à fournir des molécules complexes, même dans les conditions, *a priori* inhospitalières, de l'espace interplanétaire.

Donc, sans exclure totalement la possibilité de trouver une forme de vie basée sur le silicium, il n'est certainement pas trop réducteur de limiter notre recherche à la vie basée sur la chimie du carbone, beaucoup plus prometteuse *a priori*.

Or les molécules de la chimie du carbone (la chimie organique) ne peuvent exister que dans une plage de température limitée, en tout cas inférieure à 500 °C ; pratiquement, la plupart des êtres vivants sur Terre ne manifestent une activité qu'entre 0 et 50 °C : les basses températures ne détruisent pas les molécules, mais ralentissent les réactions chimiques, provoquant l'hibernation ; les hautes températures, par contre, détruisent les molécules complexes, et donc tous les êtres vivants. Certaines bactéries survivent jusqu'à 80 °C, et on en a peut-être trouvé dans des sources thermales sous-marines à 250 °C, sous une pression voisine de 300 atmosphères ; ce dernier résultat n'est d'ailleurs pas encore tout à fait certain. Ces exploits biologiques ne doivent pas masquer le fait que, pour des formes de vie évoluées, les meilleures conditions de température se situent entre 20 et 40 °C, c'est-à-dire légèrement au-dessus de la moyenne terrestre.

Conditions d'habitabilité d'une planète

Une distance raisonnable

Une première condition est donc thermique : il faut que la planète se trouve à une distance convenable de son étoile pour que sa température, au moins en certaines zones, se situe dans la gamme indiquée : dans le cas du Soleil, un calcul brutal, assimilant les planètes à de simples corps noirs, qui absorbent toute l'énergie qu'ils reçoivent, montre que trois planètes se situent, en gros, dans cette zone « biothermique » : la Terre à peu près au milieu, Vénus du côté de la limite chaude, et Mars vers la limite froide.

Cette contrainte de distance n'est pas très stricte, et, d'après ce que nous avons vu sur la formation des systèmes planétaires et la répartition des orbites, il est logique de trouver dans tout système planétaire au moins une planète, voire deux ou trois, à une distance « convenable » de l'étoile, comme c'est le cas pour notre système.

Mais la distance n'est pas tout, et la nature de l'atmosphère et du sol joue un rôle important, et qui peut être capital. Sur Terre, la présence, en quantité pourtant faible, de vapeur d'eau, de dioxyde de carbone (le gaz carbonique) et de méthane dans l'atmosphère suffit déjà à remonter la température moyenne d'une quinzaine de degrés par rapport au calcul simpliste indiqué ci-dessus.

Les premiers calculs globaux, en 1978, avaient des conséquences très fâcheuses pour notre propos. Ils montraient en effet une voie très étroite entre deux catastrophes opposées, l'effet de serre et la glaciation. Que la planète soit trop proche du Soleil, et l'effet de serre provoqué par l'évaporation intense de l'eau des océans accroît la température jusqu'à plus de 100 °C ; les roches commencent alors à se décomposer, libérant des quantités énormes de gaz carbonique qui, par le même mécanisme, précipitent une nouvelle augmentation de température. C'est ce qui a dû se passer sur notre voisine, Vénus : pourtant bien peu différente de la Terre à l'origine, c'est maintenant un véritable enfer, avec une atmosphère de gaz carbonique cent fois plus importante que la nôtre, où flottent des nuages d'acide sulfurique, et un sol à près de 500 °C, assez chaud pour fondre le plomb et le zinc.

À l'inverse, si la planète est trop éloignée du Soleil, les chutes de neige seront abondantes, diminuant la quantité de rayonnement solaire absorbé, car la neige est très blanche, donc réémet la quasi-totalité de la lumière reçue : d'où une nouvelle baisse de température, qui amplifie le phénomène par un véritable effet de boule de neige ! Un phénomène analogue a peut-être été à l'origine des malheurs de la planète Mars, où la température moyenne est de l'ordre de – 40 ° C, descendant jusqu'à – 125 °C au pôle Sud en hiver, avec de rares pointes au-dessus de 0 °C, pouvant atteindre exceptionnellement + 15 °C.

Ce modèle n'offrait que fort peu de latitude entre deux enfers opposés : la possibilité d'une « planète bleue », où l'eau peut subsister principalement à l'état liquide, n'apparaissait que pour des distances au Soleil comprises entre 0,95 et 1,01 unité astronomique, cette unité correspondant, par définition, à la distance moyenne de la Terre au Soleil.

Fort heureusement, les modèles beaucoup plus élaborés construits actuellement autorisent plus d'optimisme, car ils font apparaître des effets stabilisateurs. Pour l'effet de serre, en particulier, le pouvoir réflecteur accru d'une forte couche nuageuse peut annuler, au moins en partie, l'accroissement de température dû à une plus grande efficacité dans le piégeage du rayonnement thermique du sol. L'absorption du dioxyde de carbone dans les océans doit également jouer un rôle de frein, du moins à long terme, à l'échelle des siècles.

La zone favorable s'est donc assez largement étendue, et semble en fait très proche de celle obtenue par le calcul simpliste du début, c'est-à-dire allant à peu près de Vénus à Mars.

Une orbite pas trop elliptique

Il faut aussi que l'orbite de la planète ne soit pas trop elliptique, pour éviter des variations de température considérables qui empêcheraient l'apparition de la vie : cette condition n'est pas trop restrictive, car l'évolution naturelle d'un système planétaire amène à la forme circulaire les orbites des planètes.

Un cas particulier est celui des étoiles multiples, qui représentent quatre cinquièmes des étoiles, comme nous l'avons vu au chapitre précédent : les orbites planétaires peuvent être dans ce cas très irrégulières en raison des perturbations gravitationnelles des compagnons stellaires. Plusieurs cas peuvent se présenter :

— deux étoiles très proches et des planètes tournant assez loin autour de ces étoiles : ce cas n'est pas très différent de celui d'une étoile unique, mais il peut amener à de plus grandes variations de température en raison des phénomènes d'éclipses mutuelles des deux étoiles ;

— deux étoiles assez éloignées l'une de l'autre et des planètes en orbite autour de l'une ou l'autre d'entre elles : pour ces planètes, la deuxième étoile apparaîtrait comme un soleil beaucoup plus faible que le premier, mais tout de même bien plus brillant que la pleine lune. La vie n'y est donc pas exclue, mais le développement de l'astronomie, en l'absence de nuit, fortement compromis !

— un cas limite d'un compagnon tellement lointain qu'il apparaît comme une étoile ordinaire : on a parfois évoqué l'existence possible d'un tel compagnon pour le Soleil, mais cette hypothèse ne repose pas sur des arguments bien convaincants. En tout cas, un compagnon si lointain n'aurait pas d'effet sur les planètes de l'autre soleil, et on se retrouve dans le cas de l'étoile unique ;

— le cas intermédiaire, le plus défavorable, où la distance entre les étoiles est comparable à la distance planète-étoile : les orbites planétaires risquent alors d'être fortement perturbées, et les fortes variations de température ne sont pas favorables à l'apparition et au développement de la vie.

Une étoile stable

Pour éviter les fortes variations de température, il faut aussi que l'étoile centrale soit stable, ce qui n'est pas toujours le cas : certaines étoiles sont variables, et leur éclat peut changer fortement, d'une manière périodique, ou tout à fait irrégulière. Heureusement, le Soleil, comme les autres étoiles de même type, qui sont les plus nombreuses, est remarquablement stable, et il devrait le rester encore pendant quatre ou cinq milliards d'années : il deviendra alors une géante rouge, et absorbera toutes les planètes intérieures, jusqu'à Mars. Un tel délai n'est pas un obstacle à l'apparition de la vie ; tout au plus peut-on dire qu'il fixe une limite à la durée de vie d'une civilisation, du moins sur sa planète d'origine, mais cette limite est si lointaine qu'elle n'est guère significative.

Remarquons d'ailleurs que la stabilité du Soleil n'est pas absolue ; des travaux récents, auxquels l'un de nous (Jean-Claude Ribes) a participé, montrent de très petites variations, à l'échelle des siècles, qui semblent entraîner de petites variations climatiques. Ces variations sont trop faibles pour interdire la vie, et elles ont peut-être constitué un moteur pour l'évolution.

Un voisinage calme

Si l'étoile elle-même est stable, il faut aussi que son environnement le soit. Nous avons vu au chapitre précédent que les collisions entre étoiles étaient hautement improbables, et il n'y a donc pas lieu d'en tenir compte. Par contre, un événement moins rare, et qui peut être meurtrier, est l'explosion d'une étoile sous forme de *supernova* : toute étoile plus massive que trois masses solaires environ donne en effet après une évolution assez rapide, s'étendant sur un milliard d'années au maximum, une explosion fantastique au cours de laquelle l'étoile est littéralement soufflée, ne laissant qu'un petit résidu. Pendant une période courte, de l'ordre du mois, l'étoile et son enveloppe brillent autant qu'une galaxie entière, avec ses 100 milliards d'étoiles. Le plus récent exemple s'est passé en 1987, dans la banlieue galactique, le Grand Nuage de Magellan, une petite galaxie satellite de la nôtre, où une faible étoile a brusquement explosé, devenant visible à l'œil nu, malgré les 170000 années de lumière qui nous en séparent.

À quelques années de lumière de distance, l'émission brutale de rayons X et gamma (photons de lumière très énergétiques), qui annonce l'explosion et ne dure que quelques jours, produirait une ionisation de la haute atmosphère terrestre des centaines de fois plus intense que sa valeur normale due au flux de rayons cosmiques solaires. La couche d'ozone pourrait en fait disparaître presque complètement, avec de très dures conséquences pour toutes les espèces vivantes : le rayonnement ultraviolet du Soleil s'ajouterait en effet au rayonnement X de la supernova et présenterait un grave danger de mutation et, dans certains cas, de destruction pour les cellules vivantes.

Il est hors de doute qu'un tel événement peut représenter un risque grave pour les systèmes planétaires de toutes les étoiles proches de la supernova. Il semble toutefois exagéré d'en craindre un effondrement total de toute civilisation, car il serait relativement facile de protéger, pendant ce temps court de quelques semaines, au moins une partie notable des populations. Il serait encore plus aisé de conserver à l'abri des mutations les souches animales et végétales essentielles. Le danger serait plus grand pour une vie primitive, n'ayant pas les moyens de se protéger. Mais, en moyenne, dans notre région de la Galaxie, il doit se produire une explosion de supernova à moins de dix années de lumière tous les deux milliards et demi d'années seulement, et l'expérience confirme que le processus d'apparition et de développement de la vie sur Terre, qui se déroule depuis trois milliards d'années au moins, n'en a pas été victime. Ce danger n'est donc pas si grand, du moins là où se trouve le Soleil, c'est-à-dire relativement loin du centre galactique.

Mais il élimine par contre une région pourtant *a priori* très propice à créer une civilisation interstellaire, le voisinage immédiat du centre de notre galaxie. Là, en effet, dans une sphère d'une centaine d'années de lumière, se trouvent un ou deux milliards d'étoiles formées au tout début de la Galaxie, bien avant le système solaire. La matière interstellaire y a été très rapidement ensemencée en divers éléments, et les éventuelles planètes intérieures doivent avoir des contenus en éléments clés de la vie — hydrogène, carbone, oxygène, azote — comparables à ceux de la Terre. Les étoiles y étant cent fois plus rapprochées que dans le voisinage solaire, on imagine qu'une civilisation semblable à la nôtre aurait bien plus de facilité à se lancer dans les voyages interstellaires. Mais, pour cette même raison, l'effet de supernovas proches doit y être bien plus destructeur, et le développement de la vie y est probablement impossible.

Citons pour mémoire le passage périodique du système solaire dans le plan galactique, qui a été évoqué comme un phénomène catastrophique : en fait, ce passage se produit tous les trente millions d'années environ, et il n'a manifestement pas eu de conséquences néfastes, puisque nous sommes là !

Les dangers internes

Des menaces peuvent provenir de l'intérieur même du système planétaire : il s'agit, dans le cas de la Terre, de l'impact d'un des (presque) innombrables restes de la condensation du système solaire, astéroïde ou comète. Notre planète porte les cicatrices de certaines de ces rencontres, tel un immense cratère de 50 km de diamètre dans le bouclier canadien. Le cas le plus probable est celui d'un noyau de comète, dont la taille peut atteindre 10 km : c'est grand mais négligeable à l'échelle de la Terre, et ces collisions ne mettent donc pas en danger l'existence même d'une planète.

Toutefois, un très grand impact, s'il se passait demain, aurait des conséquences graves. S'il avait lieu dans une zone très peuplée, une grande ville par exemple, il y aurait des millions de morts ; mais ce cas est improbable, et l'impact a toutes chances de se produire dans une zone peu habitée, et notamment dans un océan (les océans couvrent les 2/3 de la surface du globe). Les conséquences seraient alors indirectes : des millions de tonnes de croûte terrestre percutée, d'eau et du matériau de l'astéroïde lui-même seraient projetés dans la stratosphère à plus de 100 km de hauteur et créeraient un voile de poussière qui, rapidement, recouvrirait la Terre tout entière. Cette couche pourrait provoquer une baisse catastrophique de température ; on retrouve à nouveau la menace du fameux « hiver nucléaire », mais avec tout ce qu'il y a d'hypothétique dans le caractère catastrophique qu'on a attribué au début au phénomène. Des raz de marée importants parcourraient le globe et provoqueraient des ravages dans les régions côtières ; le déplacement d'air brûlant pourrait même créer des incendies de forêt à l'échelle mondiale.

Ce scénario catastrophiste n'est peut-être pas entièrement théorique : il y a de fortes présomptions qu'un tel événement se soit passé il y a 65 millions d'années, qui a laissé des traces sous forme d'une mince couche de matériau extraterrestre dans les sédiments, de grains de quartz du manteau terrestre portant les stigmates d'un choc supersonique, et de particules de suie qui seraient la trace

Des astres ont déjà frôlé la Terre...

À diverses reprises pendant les temps historiques, et toujours de façon inattendue, des astéroïdes ou des comètes sont passés près de la Terre. Parmi les rencontres identifiées, la moitié ont eu lieu dans les quinze dernières années ; cela ne signifie pas que le danger se rapproche, mais simplement que les techniques de détection se sont améliorées. Les astres en question avaient des diamètres de quelques centaines de mètres à quelques kilomètres et, si l'un d'eux avait heurté la Terre, l'explosion aurait au minimum représenté 1000 mégatonnes de TNT.

Objet	*Date*		*Distance* (unité = Terre-Lune)
Comète Halley	Avril	837	12,8
Comète Tempel	Octobre	1366	8,9
Comète 1491 II	Février	1491	3,5
Comète Lexell	Juillet	1770	5,8
2101 Adonis	Février	1936	5,0
Hermès	Octobre	1937	2,0
2340 Hator	Octobre	1976	3,1
2135 Aristée	Avril	1977	12,4
1982 DB	Janvier	1982	10,9
3361 Orphée	Avril	1982	12,4
IRAS-Araki-Alcock	Mai	1983	12,1
3671 Dyonisios	Juin	1984	12,1
1986 JK	Mai	1986	10,9
1988 TA	Septembre	1988	3,5
1989 FC	Mars	1989	1,8

On estime à quelques milliers le nombre d'astéroïdes d'un diamètre supérieur à 500 m dont l'orbite croise celle de la Terre. Le plus grand, 433 Eros, a 20 km de diamètre.

d'un incendie généralisé. Certains scientifiques lui attribuent l'extinction des dinosaures. En toute objectivité, il faut dire cependant que cette thèse a de farouches détracteurs qui, tout en reconnaissant les phénomènes, leur attribuent une origine exactement opposée, les profondeurs du globe. Ce serait en effet le gigantesque écoulement de laves qui s'est produit en Inde, dans le Deccan, vers la même époque, qui en serait responsable. Quelle que soit l'issue de cette controverse, tous s'accordent sur la possibilité de telles catastrophes à l'échelle mondiale, qu'elles viennent du magma terrestre ou de l'espace.

Comme on le voit, les menaces extérieures ne sont ni inexistantes ni insignifiantes, mais elles ont le bon goût de correspondre à des échelles de temps très longues. Le fait même du développement de la vie sur des milliards d'années, de l'espèce humaine sur des millions et de notre civilisation sur des milliers montre bien que la fabrique cosmique qui nous a créés est relativement accueillante. Cela étant, on peut dire en paraphrasant W. Tucker « que, si l'on avait à donner de bons conseils à une jeune forme de vie désireuse de s'installer dans une galaxie, on pourrait s'inspirer avec fruit des conseils traditionnels d'une mère à son fils, lorsque ce dernier s'apprête à quitter l'orbe familiale : habite un endroit calme, évite la foule, et par-dessus tout, mon fils, tiens-toi à l'écart des corps célestes jeunes et chauds ».

Taille et composition chimique

La taille de la planète est aussi un élément : une planète trop grosse aura une atmosphère épaisse qui absorbera la lumière de l'étoile et interdira le développement de végétaux en surface ; un autre argument a souvent été avancé : c'est que la gravité sur une telle planète imposerait une ossature et une musculature puissantes à ses habitants, leur infligeant un handicap un peu analogue à celui des grands sauriens de l'ère secondaire terrestre. Cet argument ne résiste pas à l'examen : il suffit de réduire la taille des êtres vivants, en gardant leurs proportions, pour qu'ils supportent une gravité élevée ; sur Terre, par exemple, les insectes peuvent supporter des accélérations de plusieurs milliers de fois la pesanteur. Nous reviendrons sur ce point au chapitre suivant. À l'inverse, une planète trop petite aura une gravité faible, et perdra rapidement son atmosphère ; c'est ce qui est arrivé à la planète Mars.

Enfin, il faut que la planète contienne les éléments nécessaires à l'apparition de la vie, et notamment de l'eau sous forme liquide, qui semble indispensable à la cuisine biologique. On pensait encore récemment que la vie était apparue à la surface des océans, dans une atmosphère réductrice, dépourvue d'oxygène et de gaz carbonique, et constituée essentiellement d'hydrogène, de méthane, d'ammoniac et d'eau, ce qui imposait une contrainte assez stricte : dans notre système, ce type d'atmosphère se rencontre dans les planètes géantes, de Jupiter à Neptune, qui ne sont pas favorables à la vie en raison de leur basse température et de leur forte gravité ; d'ailleurs, il n'existe pas de preuve géochimique de l'existence sur Terre d'une telle atmosphère. Mais des idées récentes, sur lesquelles nous reviendrons au chapitre suivant, feraient apparaître la vie au fond des océans, et non plus en surface, ce qui lève toute contrainte sur l'atmosphère primordiale. Rien n'est prouvé, bien sûr, mais il faut garder à l'esprit qu'il n'y a pas qu'un mécanisme possible, et donc que les contraintes ne doivent pas être prises de façon trop stricte.

Combien de planètes habitables ?

N'ayant pas observé de systèmes planétaires en dehors du nôtre, nous ne pouvons pas donner une statistique expérimentale ; nous devrons donc encore une fois avoir recours à une estimation subjective. Que savons-nous ?

Autour du Soleil, il y a une planète manifestement favorable à la vie et où la vie est effectivement apparue, la Terre ; deux autres, Vénus et Mars, sont « presque vivables » mais n'ont pas réussi dans cette voie. On pourrait d'ailleurs se demander comment nous en sommes sûrs : après tout, nous n'avons aucune base permanente sur une autre planète, et toutes les planètes géantes, avec leur cortège de satellites, ont été seulement photographiées à distance par des sondes. Les preuves sont décisives sur la Lune : l'analyse des roches rapportées dans des conditions d'asepsie rigoureuse a confirmé leur caractère totalement stérile. Sur Mars, deux sondes *Viking* se sont posées en 1976, équipées de laboratoires automatiques ultraperfectionnés pour déceler la présence de vie : les premiers résultats semblaient positifs, indiquant une forme de respiration ; mais, très vite, l'analyse chimique a montré qu'il n'y avait aucune trace de composés organiques, à un niveau de détection du milliardième. Les réactions observées étaient purement chimiques, dues à la formation de super-oxydants dans le sol, sous l'action du rayonnement ultraviolet solaire, qui n'est pas filtré par une couche d'ozone, comme sur la Terre.

Mais, après tout, ce ne sont là que les observations de deux sondes, qui ont scruté quelques mètres carrés de sol martien autour de leur point d'atterrissage, et rien n'interdit de penser qu'une exploration plus approfondie amènerait à la détection de formes de vie cachées dans de rares régions plus favorables de la planète. D'ailleurs, les photos transmises par la partie orbitale des *Viking* ont montré les traces indubitables d'une érosion fluviale : il y a donc eu de l'eau liquide sur Mars, il y a peut-être un milliard d'années, et il est possible que l'exploration approfondie qui sera menée lorsqu'une expédition habitée prendra pied sur la planète rouge relève la présence d'une vie fossile : nous devrons attendre le siècle prochain pour avoir une réponse.

D'autres régions du système solaire pourraient en principe se présenter comme des candidats possibles, sinon sérieux : les nuages de la planète géante Jupiter sont riches en matière organique, hydrocarbures et peut-être acides aminés ; il y a peut-être des océans d'azote liquide sur Titan, le plus grand satellite de Saturne. Mais il serait très hasardeux d'y voir un environnement prébiotique, pouvant mener un jour à la vie : d'une part, les températures extrêmement basses ne favorisent pas les réactions ; mais surtout, dans cet environnement réducteur, riche en hydrogène, ces composants sont en équilibre chimique stable, et aussi inertes que peut l'être le sable dans l'atmosphère oxydante de la Terre.

Nous en resterons donc à regret à un seul cas positif, celui de notre planète. Nous avons vu néanmoins au chapitre précédent que la formation d'un système planétaire était un stade normal de la vie d'une étoile, et que de tels systèmes devaient suivre les mêmes règles de répartition que le nôtre : on peut donc s'attendre à trouver, autour des étoiles de type solaire, des planètes de taille variée, à des distances diverses de l'astre central. Il devrait donc y avoir dans chaque système, comme dans le nôtre, quelques candidats bien placés et souvent un cas favorable, parfois deux. Dans la formule de Drake (v. page 5), nous admettrons donc hardiment que la proportion de planètes propices à la vie autour d'une étoile solitaire est $n_p = 1$, et dans le pire des cas $n_p = 0{,}3$. Le cas des étoiles multiples est plus délicat, et la proportion de planètes convenables pourrait y être plus réduite, disons d'un facteur 2. Ces étoiles représentent plus de la moitié des systèmes, soit près de 80 % des objets. Cela réduit n_p à une fourchette allant de 0,15 à 0,5.

Mais n'oublions pas qu'au chapitre précédent notre hypothèse pessimiste pour la valeur de la proportion d'étoiles possédant un système planétaire, $F_p = 0{,}1$, était obtenue en supposant qu'il n'y avait de planètes qu'autour des étoiles solitaires. Il nous faut donc distinguer deux cas :

a. Toutes les étoiles, même multiples, peuvent avoir des planètes ($F_p = 0{,}5$). Alors n_p est effectivement compris entre 0,15 et 0,5 et le produit $F_p \times n_p$ est compris entre 0,075 et 0,25.

b. Seules les étoiles simples sont susceptibles d'avoir des planètes ($F_p = 0{,}1$). Puisque nous ne considérons que des étoiles simples, n_p est alors compris entre 0,3 et 1 et le produit $F_p \times n_p$ va de 0,03 à 0,1.

En conclusion, le produit $F_p \times n_p$ est compris entre 0,03 et 0,25.

CHAPITRE 3

L'émergence de la vie et de l'intelligence

« Quand la Terre se réchauffa pour la première fois dans les abîmes, là où le chaud et le froid se mélangent, de nombreuses créatures vivantes apparurent..., tirant leur subsistance de la vase. »

Archelaos de Milet (450 av. J.-C.)

Nous tentons ici d'évaluer la fraction des planètes propices à la vie sur laquelle se développent effectivement la vie, puis l'intelligence. L'intelligence qui nous intéresse est celle susceptible de donner naissance un jour à une civilisation de technologie avancée. Elle correspond à un cerveau comparable à celui de l'*homo sapiens sapiens,* dont le prototype est bien représenté par l'ancêtre de l'homme moderne : l'homme de Cro-Magnon.

Nous procéderons en deux temps : nous chercherons d'abord à comprendre comment la vie est née sur Terre, et à en déduire ses chances d'apparaître sur d'autres planètes ; puis nous réfléchirons à l'évolution de la vie sur Terre jusqu'à l'homme de Cro-Magnon et tenterons de nous représenter des évolutions analogues ailleurs.

La vie, une affaire de cellules

Tous les organismes vivant sur notre planète sont composés de cellules plus ou moins différenciées. Une cellule est formée d'une *membrane,* entourant le *cytoplasme,* solution aqueuse de sels minéraux dans laquelle baignent des protéines et des organites minuscules, structures formées essentiellement de protéines. Le matériel génétique peut être diffus dans le cytoplasme, comme dans le cas des bactéries (on parle alors de cellules *procaryotes),* ou être bien différencié dans une membrane pour former ce qu'on appelle le noyau ; on a alors affaire à des cellules *eucaryotes,* ce qui est le cas de nombreux organismes monocellulaires et de la quasi-totalité des êtres vivants multicellulaires.

Une usine complexe

Chaque cellule, même choisie parmi les plus simples, peut s'imaginer comme une usine extrêmement complexe dont les protéines représentent à la fois la structure et la machinerie. Les molécules de protéines sont donc les éléments de base de la vie. Chacune d'entre elles est une sorte de micro-machine constituée par une longue chaîne moléculaire (polymère) d'acides aminés, qui sont des composés organiques relativement simples. Tous les êtres vivants de la Terre sont bâtis avec des protéines formées exclusivement à partir de vingt acides aminés, alors que chimiquement il en existe plusieurs centaines.

Comme nous l'avons vu au chapitre précédent, les acides aminés issus de la vie sont, à de rares exceptions près, lévogyres, et cette dissymétrie caractéristique des formes moléculaires vivantes s'appelle la chiralité. Chaque protéine, une fois construite, prend d'elle-même, sous l'effet des forces électrostatiques jouant au niveau des atomes, une forme absolument spécifique en trois dimensions, où la chiralité joue un rôle fondamental. C'est cette configuration qui confère à la protéine ses propriétés biochimiques, et qui fait de certaines d'entre elles des enzymes, c'est-à-dire des catalyseurs induisant les réactions chimiques nécessaires à la vie de la cellule.

Un centre de contrôle

L'appareil nucléaire constitue le centre de contrôle qui règle l'activité et la reproduction de la cellule, grâce à une structure recelant à la fois la mémoire de l'information nécessaire et le moyen de transférer cette information à la machinerie cellulaire du cytoplasme.

L'information en question est codée dans de longues molécules complexes, les acides nucléiques, formés de chaînes de nucléotides. Chaque nucléotide est constitué d'un sucre, d'un groupe phosphate et d'une base azotée. Ces bases forment en quelque sorte les lettres du code ; parmi les nombreux candidats possibles, seules quatre bases sont utilisées par la vie. Le code génétique s'écrit donc avec un alphabet à quatre lettres.

Les acides nucléiques s'organisent en très longues séquences hélicoïdales, sortes d'échelles en colimaçon dont les bases azotées forment les marches. La succession de ces bases azotées décrit la structure de la protéine correspondante. Il est intéressant de noter que les sucres des nucléotides se présentent uniquement sous la forme dextrogyre : les acides nucléiques ont donc une chiralité complémentaire de celle des protéines qu'ils codent.

Une structure complexe sur des bases très simples

Les mécanismes vitaux sur Terre se caractérisent ainsi par une extraordinaire complexité, réalisée avec une tout aussi extraordinaire économie de moyens : vingt acides aminés et un code génétique à quatre lettres, système totalement universel, valable pour l'ensemble des êtres vivants. L'unité est la troisième caractéristique : toute la biosphère actuelle dérive de toute évidence d'une seule origine.

Les organismes les plus primitifs que nous connaissions sont des bactéries, cellules procaryotes apparues il y a 3,5 ou 3,8 milliards d'années. Certaines de ces bactéries, les algues bleues, se rencontrent encore de nos jours à l'état vivant. Les eucaryotes, cellules plus complexes, ne sont apparues qu'il y a 1,5 milliard d'années.

Plus tard, il y a 700 ou 800 millions d'années, sont apparus les premiers êtres pluricellulaires, et, au début de l'ère primaire, il y a 550 millions d'années, c'est l'explosion de formes nouvelles qui aboutira à la diversité des formes végétales et animales d'aujourd'hui, et en particulier à l'homme.

L'origine de la vie

Pour comprendre l'origine de la vie sur Terre, il faut expliquer la formation des premières cellules, et d'abord de leurs divers éléments constitutifs.

dans l'espace...

Nous avons vu au chapitre précédent qu'un certain nombre de molécules relevant de la chimie organique existent dans l'espace, et qu'on a même trouvé des acides aminés dans des météorites. Certains ont alors imaginé que ces molécules complexes, formées dans l'espace, auraient pu être apportées sur Terre par des météorites ou des comètes, constituant ainsi le stock initial de matière première pour la formation de la vie. En extrapolant un peu, on arrive à l'hypothèse du biologiste anglais Francis Crick (lauréat du prix Nobel de médecine pour ses travaux sur la structure des acides nucléiques), qui imagine l'ensemencement de la Terre par des cellules vivantes voyageant au sein de vaisseaux spatiaux ! Nous ne nous attarderons pas sur cette dernière hypothèse, qui ne fait que déplacer le problème : comment se seraient formées ces cellules avant le grand voyage spatial ? Quant à l'utilisation de molécules organiques venues de l'espace, nous ne pensons pas que ce soit la façon la plus économique de procéder, car il est plus facile et plus efficace de faire réagir entre elles des molécules dans un milieu terrestre relativement dense que dans le vide de l'espace. Par contre, l'existence de ces molécules complexes dans des conditions difficiles est un argument en faveur de leur apparition automatique dans un milieu plus favorable.

dans l'atmosphère...

Et c'est ce qu'ont montré les expériences du biochimiste américain Stanley Miller dans les années 50 : il a pris un mélange de gaz ressemblant à ce qu'on imaginait à l'époque être l'atmosphère primitive de la Terre (eau, méthane, ammoniac, hydrogène sulfuré) et l'a soumis à diverses sources d'énergie (décharges électriques, lumière ultraviolette) qui devaient être dispensées sur Terre par les orages et le Soleil. Il a alors constaté la formation rapide (en quelques centaines d'heures) de molécules complexes, acides aminés et composés pouvant former des sucres, des lipides et des composants d'acides nucléiques. Plus tard, Sidney Fox a pu polymériser des acides aminés en les chauffant à sec, fabriquant ainsi des polymères qu'il a baptisés *protéinoïdes*. Il a même obtenu en milieu aqueux des microsphères dont la limite extérieure ressemblait à une membrane, et qui parfois grandissaient en absorbant les protéinoïdes de la solution, puis se divisaient. Il ne s'agit bien entendu ni de cellules ni de vie, mais d'un simple modèle extrêmement grossier, en particulier incapable de transmettre l'information décrivant sa structure.

Ces expériences sont toutefois encourageantes ; elles ne sont évidemment pas probantes, car on n'est plus du tout sûr maintenant du caractère réducteur de l'atmosphère primitive terrestre, et il semble en particulier qu'il n'y avait pas, ou très peu, d'ammoniac. En fait, le modèle « classique » d'atmosphère primitive, utilisé par Miller, correspond au cas des planètes géantes, comme Jupiter, et rien ne prouve qu'une telle atmosphère ait existé sur Terre. Aussi d'autres chercheurs ont-ils étudié le cas d'une atmosphère composée essentiellement de gaz carbonique et d'azote (rappelons que le gaz carbonique est le constituant essentiel des atmosphères de Vénus et de Mars). Et ils ont trouvé des réactions aboutissant aussi à la formation d'acides aminés.

...ou au fond des mers ?

Depuis une dizaine d'années, on a commencé à explorer les fonds marins, qui étaient considérés comme de quasi-déserts biologiques, notamment en raison de l'absence de lumière. Et l'on a eu la surprise de trouver des oasis de vie, autour des sources hydrothermales profondes. Des bactéries semblent supporter des températures de 250 °C sous des pressions de 260 atmosphères : ce résultat est surprenant et parfois encore contesté aujourd'hui, mais il semble bien qu'il faille repousser les limites admises habituellement pour la survie à haute température... Ces découvertes sont encore trop récentes pour qu'on puisse en donner une interprétation complète, mais il est clair que l'énergie géothermique peut remplacer la lumière solaire pour entretenir un écosystème. Et ces nouvelles zones de vie ont été proposées comme le site des premières synthèses de composés organiques ; cette thèse est controversée, mais ce qui nous intéresse ici, c'est qu'il n'y a pas qu'une seule voie envisageable pour l'apparition de la vie.

L'origine du code génétique

Pour qu'on puisse parler de vie, il ne suffit pas d'avoir des molécules organiques complexes ; encore faut-il qu'apparaisse le délicat mécanisme du code génétique, c'est-à-dire la correspondance entre les séquences de nucléotides de l'A.D.N. et les séquences d'acides aminés des protéines, et le transfert d'information entre ces structures. Certains biologistes ne voyaient pas de raison physico-chimique à cette correspondance, et lui attribuaient donc une probabilité extrêmement faible, qui faisait de l'apparition de la vie sur Terre un événement quasi miraculeux et peut-être unique dans l'Univers. Cette vision rappelle à l'astronome les théories catastrophiques de la formation du système solaire, que nous avons évoquées au chapitre 1 : on y retrouve cette constante de la pensée humaine, qui commence généralement par considérer tout ce qui nous touche comme un cas extraordinaire, avant de découvrir parfois sa généralité. Depuis quelques années, on entrevoit des mécanismes physico-chimiques pouvant expliquer cette correspondance. Le code génétique, ou un code analogue, devrait alors se retrouver sur d'autres planètes, réglant le fonctionnement de cellules analogues aux nôtres.

La vie, phénomène inéluctable ?

Ceux qui considèrent la vie sur Terre comme un événement exceptionnel insistent sur le fait qu'on est très loin encore d'avoir imaginé théoriquement et prouvé expérimentalement la totalité des mécanismes susceptibles d'expliquer les différentes étapes de l'apparition de la vie. Cela nous rappelle qu'en astronomie, comme en physique, on admet souvent une hypothèse générale comme globalement satisfaisante, même si tous les mécanismes qui la composent ne sont pas complètement explicités. Il est normal qu'on ne sache pas encore totalement imaginer et reproduire en laboratoire des phénomènes qui se sont déroulés sur des centaines de millions d'années, il y a des milliards d'années. Toutefois, pour la majorité de la communauté scientifique, la vie est très probablement le fruit d'une nécessité, celle des lois physico-chimiques.

L'évolution

Tous les scientifiques considèrent que l'ensemble des espèces, animales ou végétales, vivant aujourd'hui sur notre planète proviennent par des transformations successives des premières bactéries. C'est la théorie de l'évolution, qui permet de placer les espèces apparues au cours des âges sur un arbre évolutif, dont nous présentons un rameau sur le dessin hors texte de la page III. Certes, cet arbre n'est pas connu dans tous ses détails, et il existe des « chaînons manquants ». Cependant, « l'histoire naturelle » qui mène des premiers animaux marins connus à l'homme contemporain fait, dans ses grandes lignes, l'accord des spécialistes.

Cet accord est moindre lorsqu'on cherche à découvrir les mécanismes de l'évolution. La théorie dominante est actuellement celle de Darwin : — des variations multiples surgissent spontanément au sein d'une espèce ; la sélection naturelle perpétue celles qui sont le plus adaptées à l'environnement et crée ainsi de nouvelles espèces, comme la sélection des éleveurs crée de nouvelles races. De nos jours, on attribue les variations à des transformations du patrimoine génétique inscrit dans l'A.D.N. C'est le néodarwinisme. Si l'on veut aller plus loin dans les explications, les opinions foisonnent et les polémiques bouillonnent. Épargnons au lecteur ces technicités, et mentionnons seulement que les postulats darwiniens eux-mêmes sont fréquemment contestés.

Heureusement pour nous, toutes les théories, darwiniennes ou non, ont en commun le thème suivant : « Les types de vivants se transforment parfois dans une même lignée. Certains transformés se trouvent mieux adaptés aux conditions extérieures (terrain, climat, nourriture, ennemis...). Ils prolifèrent alors. »

Ce consensus limité nous suffit ici. Nous y ajouterons l'hypothèse que les mécanismes de base de l'évolution, quels qu'ils soient, se retrouvent sur toutes les planètes porteuses de vie, et nous pourrons alors tenter d'imaginer l'histoire naturelle sur d'autres planètes à partir de l'histoire de l'évolution sur Terre.

Nos ancêtres marins

Contrairement à ce que pourrait laisser croire le comportement de certains humains, nous ne descendons ni de crabes, ni de vers marins, ni de mollusques. Nos ancêtres admis, remontant à plus de 600 millions d'années, devaient être proches des étoiles de mer, ou plutôt des lys de mer, qui se sont perpétués jusqu'à nos jours. Notre passé plus lointain est difficile à connaître, car il a laissé peu de fossiles.

Les lys de mer, fixés au fond des mers ou peu mobiles, sont essentiellement constitués par une tige, prolongée par un certain nombre de bras souples qui lui apportent la nourriture passant à leur portée.

L'accroissement de la mobilité va faciliter la prise de nourriture, en permettant à l'animal de se déplacer vers des zones plus riches en aliments, et surtout de capter la nourriture par filtrage de l'eau rencontrée au cours du déplacement. Les bras souples pourront alors disparaître. La mobilité sera accrue par constitution progressive d'une colonne vertébrale, donnant au corps fermeté et souplesse, et de nageoires. De nos jours, les lamproies ont conservé cette disposition générale.

L'innovation suivante concerne les mâchoires, qui, avec les nageoires paires, caractérisent les poissons. Ceux-ci peuvent se nourrir, non des petites proies éparpillées dans l'eau qui constituent le plancton, mais de prises volumineuses, animales ou végétales, qui leur apportent en un temps relativement bref une grande quantité d'énergie. La plupart des poissons sont carnivores et acquièrent, outre des nageoires puissantes, un certain niveau intellectuel nécessaire à leurs activités de chasse.

Le passage à terre

Certains poissons voient leurs nageoires paires se pourvoir d'un squelette et de muscles. Ces nageoires charnues leur permettent de ramper au fond de l'eau, à la recherche de proies au ras du sol, dans les eaux peu profondes en particulier. Un climat tropical s'instaurant, qui dessèche saisonnièrement lagunes, lacs ou rivières, ces poissons apprennent à ramper sur terre pour passer d'une zone d'eau en voie d'assèchement à une autre plus propice. Leurs petits-neveux, les dipneustes, ainsi nommés parce qu'ils sont pourvus simultanément de branchies et de poumons, le font encore à notre époque.

Les poissons à nageoires charnues s'installent définitivement à terre il y a environ 350 millions d'années, après avoir transformé leurs nageoires en pattes de batraciens. Ils échappent ainsi à la voracité d'autres poissons meilleurs nageurs, les ancêtres de presque tous les poissons d'aujourd'hui. Tout en restant pêcheurs, du moins au début, ils peuvent se nourrir de la végétation dense qui a migré avant eux de la mer vers la terre, et des quelques animaux, en particulier vers et insectes (araignées, mille-pattes), qui l'ont suivie.

Les batraciens restent liés au milieu aquatique car ils y pondent leurs œufs : chacun de nous a contemplé dans une mare des têtards de grenouille. Mais il y a là un facteur de fragilité des lignées, car la majorité des prédateurs susceptibles de manger les œufs se trouvent dans l'eau. Aussi un progrès important est-il accompli lorsque certains descendants des batraciens pondent leurs œufs à terre. Ce sont les reptiles, qui portent à son achèvement le passage à terre.

Retours à la mer

Certains reptiles retourneront au milieu marin. De nos jours encore les tortues de mer, à l'inverse des batraciens, vivent en mer mais pondent leurs œufs à terre (elles en pondent une quantité énorme et les enterrent, mais cela ne met pas leur espèce à l'abri d'un prédateur évolué apparu récemment sur terre, l'homme !).

Les plus intéressants pour nous de ces reptiles aquatiques sont les ichtyosaures, dont les œufs sont conservés dans le ventre de la mère jusqu'à l'éclosion. Les ichtyosaures, dont nous possédons d'excellents fossiles, ont une allure générale très proche de celle des requins, donc adaptée à la nage rapide. C'est un exemple de ce qu'on appelle la « convergence évolutive ». Plus tard des mammifères retourneront eux aussi à la mer ; parmi eux, les dauphins s'adapteront à la nage rapide en prenant une forme générale semblable à celle des requins et des ichtyosaures. Cette parenté de forme est visible sur le dessin hors texte de la page III.

D'autres phénomènes de convergence ont été remarqués, tels ceux qui mènent par des voies indépendantes à des systèmes de vision similaires. Bien que mal expliquée, la convergence évolutive, qui permet à des branches relativement indépendantes de l'arbre évolutif d'accéder à des solutions techniques extrêmement voisines, retiendra par la suite toute notre attention.

Vers les mammifères

Revenons aux reptiles. Nous avons tous vu des lézards, animaux assez proches des premiers reptiles, se chauffer au soleil. C'est pour eux non un signe de paresse, mais l'indice d'une infériorité biologique par rapport aux mammifères. Les lézards sont en effet incapables de réguler leur température. Ils doivent donc souvent demander au soleil la chaleur qui leur permettra, entre autres, de faire fonctionner leur modeste cerveau, la seconde de leurs infériorités. Une troisième faiblesse réside dans le peu de soins qu'ils accordent à leurs petits. Sitôt nés, leurs enfants sont livrés à eux-mêmes, alors que ceux des mammifères sont allaités et simultanément éduqués par la mère.

Il y a environ 300 millions d'années, certains reptiles acquièrent un début de régulation thermique, puis allaitent leurs petits après éclosion de l'œuf. Ceux de leurs descendants qui seront transformés au point de bien réguler leur température et de faire naître leurs petits non d'un œuf exposé à de nombreux dangers mais du corps protecteur de leur mère seront les mammifères.

Les premiers mammifères apparaissent il y a quelque 200 millions d'années. Ils sont petits, de la taille d'un rat ou d'une souris, et constamment obligés de se cacher, car les plus célèbres des reptiles, les dinosaures, dominent sans conteste le règne animal. Les dinosaures sont partout, sur terre, sur mer et dans les airs. Petits ou gros, bipèdes ou quadrupèdes, ils obligent les mammifères à développer leur cerveau pour leur échapper. Cette situation durera plus de 120 millions d'années, jusqu'à ce que, pour des raisons mal élucidées, les dinosaures disparaissent. Les mammifères pourront alors proliférer et occuper les niches écologiques laissées vacantes par leurs redoutables adversaires. Leur évolution mènera jusqu'à nous, les humains.

La disparition des dinosaures

Jusqu'à la disparition des dinosaures, l'histoire naturelle que nous venons de décrire paraît effectivement très naturelle. On voit mal pourquoi elle ne serait pas transposable à d'autres planètes, sinon dans le détail de ses étapes, les espèces, du moins dans la succession de ses grandes phases. Il paraît normal que la vie débute par des bactéries, les cellules les plus simples imaginables, que celles-ci acquièrent des noyaux et se groupent en vue d'une efficace répartition des tâches, et que les animaux pluricellulaires évoluant dans l'océan donnent progressivement naissance aux poissons. Les avantages apportés par toutes ces transformations sont clairs, et valent pour toute planète habitable. Tout aussi normal nous paraît le passage à terre, bien que certains attribuent à l'apparition des poissons à nageoires charnues un caractère fortuit, ce que nous avons peine à comprendre. Enfin, l'enchaînement batraciens-reptiles-mammifères apporte des progrès si nets dans l'adaptation à un environnement terrestre que nous le jugeons inéluctable.

Mais la disparition des dinosaures, qui permit à terme l'avènement de l'homme moderne, le porteur de civilisation technologique qui nous intéresse ici, paraît à beaucoup résulter d'une cause contingente que nous avons évoquée au chapitre précédent. Il s'agit de l'impact sur la Terre d'un corps céleste de 10 km de diamètre environ, astéroïde ou comète qui, selon le physicien américain Luis Alvarez, lauréat du prix Nobel, se serait produit il y a environ 65 millions d'années. L'impact aurait soulevé un nuage de poussière et de cendres à l'échelle planétaire. Cette nuée obscure, subsistant dans l'atmosphère pendant de longs mois, aurait privé la Terre des rayons du soleil. Végétaux et donc animaux en auraient été très affectés. Cela expliquerait la disparition effectivement constatée à cette époque non seulement des dinosaures mais de nombre d'espèces vivantes, sur terre ou dans la mer.

De là certains auteurs concluent : il n'y a pas de raison particulière pour que sur d'autres planètes habitées se produisent des collisions célestes analogues à celle que nous venons d'évoquer. Par suite, des dinosaures peuvent y prospérer continûment et empêcher l'apparition de mammifères de type humain.

Ce raisonnement ne nous paraît pas convaincant. Certes, l'hypothèse d'Alvarez est assez bien étayée, beaucoup mieux que celle selon laquelle la fin des dinosaures serait due à l'ingéniosité des petits mammifères nos ancêtres : profitant de ce que les dinosaures, à la température mal régulée, étaient engourdis la nuit, nos aïeux, au sang chaud, auraient organisé des expéditions nocturnes de collecte des œufs de leurs ennemis, à des fins tant défensives que gastronomiques. Flatteuse pour notre lignée, cette théorie souffre d'un défaut majeur : elle n'explique pas pourquoi de nombreuses espèces marines telles que les ammonites ont disparu en même temps que les dinosaures.

Toutefois, parmi les nombreuses explications qui ont été données de la disparition de quantité d'espèces il y a 65 millions d'années, beaucoup sont plausibles et disent que les dinosaures sont morts par suite du froid, soit que celui-ci les ait tués, soit qu'il ait raréfié leur nourriture. Notre sentiment est donc que, même s'il n'y avait pas eu impact de corps céleste, les dinosaures auraient disparu un jour ou l'autre lors des nombreuses grandes glaciations qui se sont produites depuis quelque 5 millions d'années et n'étaient survenues auparavant que plusieurs dizaines de millions d'années avant l'apparition de ces grands reptiles. Il n'est pas interdit de penser que les petits mammifères, souffrant moins du froid, plus ingénieux pour trouver des nourritures nouvelles et aptes au travail de nuit, auraient hâté leur extinction en consommant leurs œufs.

Il nous paraît donc raisonnable d'admettre que, sur la plupart des planètes habitables, les mammifères parviennent à s'épanouir.

Le développement des mammifères

Sur la Terre, les mammifères les plus intéressants pour la suite de notre récit sont ceux qui habitent la forêt. Parmi eux, les primates, apparus peu avant l'extinction des dinosaures, acquièrent deux attributs dont nous, leurs descendants, apprécions encore toute l'utilité : leur pouce est opposable aux autres doigts, ce qui rend leur main préhensile et leur permet de s'accrocher aux branches ; leurs yeux se disposent de part et d'autre du nez de façon telle que leurs champs de vision se recoupent largement, permettant une vision binoculaire et donc l'appréciation des distances. Ces caractéristiques jointes leur permettent de sauter d'une branche à l'autre, et de ne pas rater cette dernière. Plus tard, les singes seront connus comme d'habiles sauteurs.

Il y a 5 à 10 millions d'années, certains primates donnent naissance à deux rameaux, celui des singes et celui de nos ancêtres. Ces derniers ont manifestement quitté la forêt, probablement à la suite d'un changement climatique qui a fait disparaître, au moins en partie, les arbres, et les a remplacés par de la savane. Ils se redressent lentement et, devenus bipèdes, peuvent affiner leurs mains et fabriquer les premiers outils qui soient parvenus jusqu'à nous, des pierres taillées. Cela se passe il y a 2 millions d'années environ. Les hommes, car tel est désormais leur nom, voient leur taille s'accroître. Le volume de leur cerveau augmente et leur front se développe. Leurs mâchoires rétrécissent, ce qui paraît normal puisqu'ils peuvent broyer ou couper leur nourriture avec des pierres. Ils investissent une grande partie de la planète, construisent des abris, s'habillent de peaux de bêtes, puis, il y a au moins 450000 ans, apprennent à faire du feu.

Il y a 100000 ans environ, l'homme de Neandertal inhume ses morts, ce qui permettra de nos jours aux archéologues de découvrir dans ses tombes squelettes et objets funéraires ; il disparaîtra progressivement voici 35000 à 40000 ans, concurrencé par l'*homo sapiens sapiens*, l'homme moderne dont le prototype est l'homme de Cro-Magnon. Contrairement à ce que l'on a longtemps cru, l'homme de Neandertal n'est pas l'ancêtre de l'homme de Cro-Magnon, dont on trouve un précurseur en Galilée il y a quelque 90000 ans.

L'*homo sapiens sapiens* apporte une innovation sympathique : il invente l'art. Des sculptures de petits objets (figurines féminines, mammouths,...), sur os ou sur ivoire, apparaissent très vite dans nos contrées, suivies de splendides peintures sur les parois de nombreuses grottes, en Dordogne et en Espagne particulièrement, mais aussi en Australie.

Il n'y a aucune raison de penser que nos facultés intellectuelles naturelles ou notre sens artistique inné aient sérieusement progressé depuis 35000 ans. Par contre l'éducation, qui se transmet et se perfectionne de génération en génération, nous permet d'hériter d'un acquis culturel croissant et de l'accroître à notre tour.

Les êtres intelligents sur d'autres planètes

Nous pensons que la dynamique qui conduit à l'homme moderne doit se reproduire sur la plupart des planètes propices à la vie. Nous invoquons pour cela le phénomène de convergence évolutive que nous avons exposé. Mammifères, longuement éduqués par nos parents et pourvus d'un cerveau efficace à température bien régulée, bipèdes dotés de mains habiles, le front haut, le regard pénétrant, nous sommes bien adaptés à la vie sur notre planète.

Nous pensons donc que l'adaptation aux conditions de vie d'une autre planète où s'est déroulée une évolution animale conduit naturellement à un être qui présente les mêmes caractéristiques générales que nous. Certes, les conditions particulières de la planète peuvent moduler son apparence. Si la gravité y est forte, il sera dans l'ensemble plus petit que nous (les mathématiciens trouveront dans l'encadré une justification de cette proposition). Si la lumière du Soleil est plus pâle, il aura les yeux plus grands comme nos oiseaux de nuit. Enfin, si son évolution s'est poursuivie au-delà de la nôtre, il pourra avoir un front plus vaste et une mâchoire plus réduite encore. Bref, tout en étant dans l'ensemble très semblable à nous, cet être pourra paraître quelque peu insolite.

Certains biologistes ne s'attachent pas comme nous à la notion de convergence et ne voient pas pourquoi l'évolution mènerait sur d'autres planètes à des êtres nous ressemblant ; d'autres, comme Stephen Jay Gould, limitent l'effet de la convergence à l'apparition d'un être intelligent susceptible de nous envoyer des messages radio. Voyons où nous conduit cette restriction. Remarquons d'abord qu'un tel être ne saurait être purement aquatique : le développement scientifique et technique exige la fabrication d'instruments complexes et requiert donc la maîtrise du feu. Ce n'est pas non plus un oiseau : on ne peut faire des manipulations scientifiques délicates lorsqu'on a les bras encombrés d'ailes.

C'est donc un animal terrestre. On ne peut exclure totalement que ce soit un marsupial, mammifère dont la femelle achève la maturation de son petit en le portant dans une poche ventrale où elle l'allaite. De nombreux mammifères « classiques » ont leur pendant en marsupiaux (taupes, loups, etc.). Un homme marsupial ne paraît pas impensable. S'il est habillé ainsi que sa compagne, on remarquera seulement que le buste de cette dernière est dépourvu de galbe.

De petits hommes sur de grandes planètes

Un raisonnement simplifié permet de montrer que les grandes planètes doivent être habitées par des hommes petits, et les petites par des hommes grands.

Supposons en première approximation que les habitants de chaque planète aient la même taille, et que d'une planète à l'autre ils aient la même morphologie, ne différant donc que par la taille T. Supposons aussi que les planètes habitables de la Galaxie aient la même structure interne, ne différant donc que par leur rayon R. Montrons que le produit R × T est constant.

Il nous suffit pour cela d'ajouter une autre hypothèse, assez intuitive : la taille d'un individu est déterminée par la contrainte moyenne de compression C de son fémur lorsqu'il se tient debout, cette contrainte admissible devant être la même pour tous puisque tous les fémurs sont constitués de la même matière osseuse et ont la même forme.

La contrainte C est égale au poids de l'homme, proportionnel au cube de T et à la gravité g, divisé par la section du fémur, proportionnelle au carré de T. En définitive C est proportionnel à T et à g. Mais g est proportionnel au rayon R de la planète. Donc C est proportionnel au produit T × R, qui est ainsi constant.

Enfin, on ne peut écarter complètement la possibilité d'un reptile à la température régulée, bipède et pourvu de mains, qui accède à notre niveau technique. Selon nous, ce reptile, s'il est en costume de ville, ressemblera assez fortement à un humain chauve. Mais là encore les formes de sa compagne ne feront pas rêver. Un conseil, donc, à ceux qui rencontreraient un couple d'extraterrestres : qu'ils examinent soigneusement les appâts de la dame !

Revenons en terminant à la formule de Drake. La valeur optimiste du coefficient F_i est 1. Elle nous paraît fort probable. Pour tenir compte néanmoins du caractère spéculatif de nos raisonnements, nous attribuerons à la valeur pessimiste le niveau 0,1.

CHAPITRE 4

Civilisations et technologie

« Il est bien des merveilles en ce monde,
il n'en est pas de plus admirable que l'homme...
Jamais il ne se trouve à court de ressources
contre les menaces du lendemain. »

Sophocle, *Antigone.*

Parmi les planètes porteuses de vie intelligente, combien ont donné naissance à une civilisation de technologie avancée, et pour combien de temps ? Nous nous intéressons ici aux civilisations susceptibles de prendre contact avec nous, soit en nous envoyant des messages radio, soit en expédiant des missions vers d'autres systèmes solaires que le leur, missions qui, de proche en proche, pourraient parvenir un jour jusqu'à nous. Notre état actuel de développement scientifique et technique peut servir de point de départ à la réflexion. Il nous permet déjà d'envoyer des messages vers les étoiles et devrait nous conduire dans quelques siècles à la possibilité d'y envoyer des sondes, puis des missions. Quant aux facteurs pouvant limiter la durée de notre civilisation, on peut penser qu'ils sont déjà apparents.

Nous ferons donc un bref historique du développement de notre civilisation, centré sur l'évolution de la physique, qui gouverne dans l'ensemble celle des techniques avancées. Nous tenterons d'en déduire les chances que d'autres planètes parviennent à notre stade. Enfin nous réfléchirons à la durée de vie probable des civilisations avancées.

Brève histoire de la civilisation occidentale

Au chapitre précédent, nous nous étions arrêtés à l'apparition de l'homme du type Cro-Magnon auquel nous appartenons tous. Il y a environ 10000 ans s'est produite la transformation qui est à la base de notre développement scientifique et technique. Il s'agit de l'extension à grande échelle, en Syrie et en Palestine, de l'agriculture et de l'élevage. Les mécanismes exacts de cette transformation sont controversés ; mais tout le monde admet qu'elle résulte fondamentalement de deux causes : un réchauffement du climat après la dernière glaciation, qui a rendu la terre plus fertile, et un développement suffisant du savoir-faire humain, dont l'archéologie permet de retracer les progrès antérieurs.

La révolution agricole a permis de généraliser la sédentarisation dans des gros bourgs, comme Jéricho en Palestine, puis dans des villes comme Çatal-Höyük en Turquie. Progressant vers l'ouest, elle a atteint il y a 7000 ans la Bretagne. Là sont nés alors les premiers monuments à base de pierres géantes : les dolmens à couloirs surmontés de tertres à degrés, et les grands menhirs qui leur sont souvent associés. Ces monuments complexes marquent pour nous la naissance de la mécanique appliquée ; leur conception, puis leur exécution par des équipes bien coordonnées demandaient une compréhension empirique sans doute, mais profonde, de la statique et notamment des leviers.

Les monuments mégalithiques semblent s'être propagés au cours des siècles dans une grande partie de l'Occident, le long des côtes atlantiques et de la Méditerranée surtout. Y a-t-il une filiation de ces monuments entre eux, et avec les pyramides, les temples et les obélisques d'Égypte, qui sont apparus par la suite ? Il est difficile de se prononcer, mais, pour l'ingénieur qui analyse toutes ces constructions dans l'ordre historique, il apparaît un progrès continu, sans saut majeur, de l'art de bâtir et du sens de la mécanique.

Pendant que les Égyptiens construisent leurs premières pyramides, il y a 5000 ans environ, les Chaldéens développent l'astronomie et le calcul. Les Grecs héritent des connaissances des Égyptiens et des

Les dolmens bretons

Quand on demande à un Français ce qu'est un dolmen breton, il décrit presque invariablement une dalle de pierre posée horizontalement sur deux grandes pierres dressées. Interrogé sur son usage, il répond la plupart du temps que cette sorte de table a été édifiée par les Celtes pour servir d'autel à des sacrifices humains. Les archéologues savent depuis quelques années que la réalité est beaucoup plus étonnante. La « table » est en fait le vestige d'une ossature de pierre beaucoup plus complexe, formant une chambre prolongée par un couloir. L'ensemble était à l'origine souvent surmonté d'un tertre à degrés, en terre ou en pierres, que l'on a pu parfois reconstituer (*v.* le dessin hors texte du dolmen de Gavrinis, p. IV). Le couloir débouchait sur une entrée à la limite du tertre, et donnait ainsi accès à la chambre. Parfois, comme à Barnenez (*v.* photo hors texte, p. IV), plusieurs couloirs menaient à autant de chambres.
La construction des premiers dolmens bretons, les plus anciens grands monuments de pierre connus, semble-t-il, a débuté 4000 ans avant l'implantation des Celtes, et 2000 ans avant la construction des premières pyramides. À l'arrivée des Celtes, on ne construisait plus de dolmens en Bretagne depuis plusieurs siècles. Quel était l'usage des dolmens ? Tombeaux souvent, sanctuaires parfois, mais presque toujours sans doute monuments marquant la puissance et la cohésion d'un groupe social.
Des dolmens analogues aux dolmens bretons ont été construits à différentes époques en divers lieux : près des côtes atlantiques d'une grande partie de l'Europe, en Inde, en Chine du sud, en Corée, au Japon, etc. On en a même trouvé dans la Cordillère des Andes, datés d'avant notre ère ! Il semble donc bien que la construction de dolmens soit une étape de l'architecture par laquelle passent naturellement et indépendamment bien des civilisations.

Chaldéens : art de bâtir, astronomie, rudiments de mathématiques en particulier. Mais ils sont plus philosophes que physiciens et techniciens. Ils feront progresser les mathématiques et l'astronomie, disserteront sur les observations physiques, mais ne pratiqueront pas l'expérimentation. Archimède est une brillante exception : par sa théorie quantitative des leviers et des centres de gravité, ainsi que de la poussée hydrostatique, qui porte son nom, et par les vérifications expérimentales qu'il en a données, il est le précurseur de la mécanique scientifique, mère de la physique actuelle.

Les Romains bâtissent beaucoup, avec art, mais de façon assez empirique. Ce sont des gens essentiellement pratiques, et la réflexion scientifique n'est pas leur fort. Les diverses invasions barbares mettent un frein à la culture en Occident pour plusieurs siècles. Vers le Xe siècle, les connaissances de l'Asie et de la Grèce, véhiculées par les Arabes, pénètrent en Occident par l'université de Cordoue. Le pape de l'an mille Gerbert d'Aurillac, scientifique de valeur, contribue à développer le goût des sciences dans les monastères. Mais la physique fait peu de progrès, malgré les travaux d'optique du moine Roger Bacon. Cathédrales romanes, puis gothiques, sont construites encore très empiriquement, et certaines s'effondrent en cours de construction.

La Renaissance est surtout littéraire et artistique. Elle touche un peu les mathématiques et l'astronomie, très peu la physique. Léonard de Vinci est une exception. C'est au XVIIe siècle que naît en Europe la science moderne, à la fois théorique et expérimentale, avec Galilée et Descartes notamment. Elle se développe ensuite de façon accélérée et donne lieu à des applications techniques en nombre croissant. Électronique, énergie nucléaire, fusées, satellites et stations spatiales sont nés de la science et en retour facilitent ses progrès. Cette liaison intime de la science et de la technique caractérise la civilisation de technologie avancée.

Le développement technologique sur d'autres planètes

Des êtres analogues aux hommes de Cro-Magnon doivent-ils normalement accéder à notre niveau scientifique et technique ? Ils doivent pour cela d'abord dépasser le stade de chasseur-cueilleur. Seule la pratique de l'agriculture et de l'élevage permet en effet de sédentariser des communautés importantes et d'y pratiquer une division du travail suffisante pour que science et technique puissent se développer.

Nous pensons que la révolution agricole est inéluctable. En effet, sur Terre, elle semble s'être produite en plusieurs endroits de façon indépendante (J. Guilaine, *la Préhistoire,* Larousse). Les trois grandes civilisations du blé, du riz et du maïs en sont nées : celle du blé voici 10000 ans, celle du riz en Chine du Nord quelque 2000 ans plus tard, et celle du maïs sur le continent américain plus tard encore. Celle du maïs est incontestablement indépendante des deux autres.

Evry Schatzman, dans *les Enfants d'Uranie,* fait la remarque suivante : des trois grandes civilisations agricoles, seule celle du blé a engendré la civilisation de technologie avancée qui est la nôtre. Il est patent en particulier que la Chine, après des débuts techniques brillants, a stagné pendant des siècles jusqu'à ce que l'Occident la pénètre : on ne pourrait donc prendre comme probabilité d'apparition d'une civilisation avancée une valeur supérieure à 1/3.

Cet argument ne nous paraît pas convaincant : la science occidentale n'a pris son essor qu'après de nombreuses avancées, stagnations et régressions. Mais elle s'est appuyée sur une expérience technologique et une vie sociale intense datant de 10000 ans. Les civilisations du riz, et plus encore du maïs, sont plus jeunes de plusieurs millénaires. Si elles avaient poursuivi leur cours de façon autonome, sans recevoir l'influence occidentale, elles auraient, croyons-nous, atteint un jour notre stade actuel. D'ailleurs, pourquoi se préoccuper des civilisations du riz et du maïs, puisque celle du blé a atteint sur Terre le stade avancé ? Cela suffit pour que la probabilité d'apparition d'une civilisation avancée, lorsque existe sur une planète une vie intelligente, ne soit bornée *a priori* que par la valeur 1

La science est fille de notre désir de connaître, la technique dérive de notre besoin de maîtriser la nature. Ces deux aspirations de l'homme intelligent, connaître et maîtriser la nature, sont très fortes et doivent nécessairement au cours du temps conjuguer leurs effets pour produire des technologies avancées.

Ce n'est sans doute pas trop s'avancer que de prendre, pour la proportion de planètes où l'intelligence a mené à une civilisation technologique, la valeur $F_c = 1$. Par souci de prudence, mais sans grande justification, il est vrai, nous adjoindrons à cette valeur « optimiste » la valeur pessimiste $F_c = 0,1$.

Durée de vie des civilisations avancées

Il nous reste dans la formule de Drake à estimer un dernier facteur : la durée de vie moyenne d'une civilisation pour le moins capable de communiquer avec les étoiles, L_c. La nôtre ne le peut que depuis une vingtaine d'années ; c'est là une valeur minimale, mais vraiment trop basse pour être intéressante. Pour aller plus loin, il nous faut extrapoler dans le futur, et y chercher nos chances de survie.

Au chapitre 2, nous avons vu que la seule catastrophe d'origine cosmique susceptible de mettre un terme à notre existence dans le système solaire était la mort du Soleil, prévue dans cinq milliards d'années environ. Elle ne signifiera sans doute pas la fin de notre lignée, car celle-ci aura émigré, du moins en partie, vers d'autres étoiles, comme nous le verrons dans la deuxième partie.

Il est beaucoup question ces temps-ci des dommages infligés à notre planète par l'activité humaine courante : effet de serre, destruction de la couche d'ozone, déforestation sont autant de menaces que crée l'homme pour son environnement et pour lui-même. Il faut les prendre au sérieux, mais on ne peut imaginer que leurs conséquences aillent au-delà de graves perturbations pour certaines zones géographiques ou pour une fraction de la population mondiale. La civilisation technologique dans son ensemble ne risque pas de disparaître. Et il est à prévoir qu'elle prendra des mesures pour limiter les dommages.

Restent les menaces de nature guerrière; quelles sont nos chances d'en réchapper? Dans une vue étroite, confinée à notre planète, ces chances ne sont pas très grandes. Suivant en cela un parallèle avec nos moyens de communication, nos capacités d'autodestruction se sont amplifiées considérablement. Sans aucun doute, elles suffisent d'ores et déjà à rayer, peut-être définitivement, sinon l'espèce humaine, tout au moins toute civilisation digne de ce nom de la surface du globe. Il est vrai que nous avons eu jusqu'à présent, cahin-caha, la sagesse de ne pas déclencher sur nous-mêmes le feu nucléaire. Mais l'armement ne fera que « progresser », la bombe à antimatière est sinon pour demain, du moins pour après-demain, et surtout cet armement va se banaliser, devenir à la portée de tous les États, puis de simples groupes, où inévitablement se glisseront des fanatiques. La surpopulation globale croissante, le contraste grandissant entre des régions sur-développées et d'autres enfermées dans la misère créeront au fil des décennies une situation de plus en plus dangereuse.

Mais, parallèlement, les mêmes techniques ouvriront la porte de l'espace et, d'abord au compte-gouttes, puis à flot, l'humanité se répandra, en des milliers de sites, dans le système solaire. Cette dissémination, cette diversité seront la meilleure des sauvegardes contre un holocauste global. Cette course contre la montre, nous-mêmes n'en connaîtrons le dénouement que s'il est tragique.

Il ne s'agit pas d'avoir une vision angélique du futur de l'espèce humaine : il y aura des crises, des dictateurs, des hécatombes. Mais parallèlement la très grande diversité des groupes, de leur habitat, de leur mode de vie sera la meilleure sauvegarde d'une espèce qui, avec tous ses défauts, a au moins le mérite de pouvoir penser son destin.

L'holocauste nucléaire, si grave soit-il, n'annulerait sans doute pas les chances d'un nouveau sursaut de l'espèce. Une quantité énorme de connaissances scientifiques et techniques resteraient en tout état de cause stockées et disponibles. Sans doute un tabou séculaire de la science pèserait-il alors chez les rescapés, dont une bonne partie seraient d'ailleurs les instigateurs de la catastrophe, militaires ou politiques. Mais les germes seraient là, et le besoin de quitter la Terre, psychologiquement et sans doute même techniquement, aussi.

Plus insidieux qu'une catastrophe nucléaire pourrait être pour l'humanité la dégénérescence physique ou spirituelle de ses membres, les conduisant à l'arrêt, puis au recul de leur niveau culturel.

Si nous observons ce qui se passe sur Terre, nous constatons que des groupes importants d'humains connaissent une dégénérescence. La drogue et l'alcoolisme ravagent, physiquement et moralement, des régions entières. Mais, aussi dramatiques que soient ces cas, ils sont plutôt la conséquence que la cause d'un problème social et ne nous semblent pas susceptibles de mettre en danger la majeure partie d'une société évoluée.

Le même raisonnement vaut pour une éventuelle perte d'intérêt pour la science, due à une conversion des humains à une vie consacrée aux arts ou à la spiritualité. Il y aura, croyons-nous, toujours un noyau important de personnes mues par le désir d'étendre le savoir et le pouvoir de l'homme.

Notre sentiment est donc que la longévité moyenne d'une civilisation peut se chiffrer en milliards d'années. Une telle affirmation peut faire bondir les paléontologistes, qui font remarquer qu'aucune espèce animale évoluée n'a atteint de telles durées : c'est vrai, mais l'existence d'une civilisation planétaire, qui existe déjà, et bientôt d'une civilisation à l'échelle du système solaire, puis de la Galaxie, est un événement sans exemple dans le passé, et qui justifie notre position optimiste.

Conclusion

Armés de nos estimations, plus ou moins précises ou même, pour certaines, assez spéculatives, nous pouvons maintenant reprendre la formule de Drake, et estimer le nombre N de nos plus ou moins proches voisins dans la Galaxie. Nous rappelons qu'il est donné par le produit de facteurs suivant :

$$N = R_e \times F_p \times n_p \times F_v \times F \times F_c \times L_c$$

où nous allons utiliser les valeurs obtenues dans les chapitres précédents, soit :

R_c	(taux de formation d'étoiles par an)	: 10
$F_p \times n_p$	(proportion d'étoiles possédant des planètes propices à la vie)	: 0,03 à 0,15
F_v	(proportion de ces planètes où la vie est apparue)	: 0,1 à 1
F_l	(proportion de ces planètes où l'intelligence est apparue)	: 0,1 à 1
F_c	(proportion de ces planètes où la technologie est apparue)	: 0,1 à 1

Gardant provisoirement à part notre estimation de la durée de vie probable L_c d'une civilisation, nous obtenons :

— dans le cas optimiste : $N = 2{,}5 \times L_c$
— dans le cas pessimiste : $N = 0{,}0003 \times L_c$

Dans l'hypothèse de l'auto destruction, L^c = 100 ans, et même dans le cas optimiste, N = 250 seulement. La civilisation la plus proche est à, peut être, 500 années de lumière, et le temps aller et retour d'un simple échange de « Allo », pour s'assurer que la communication est bien établie, est notablement supérieur aussi bien à sa durée de vie probable qu'à la nôtre. Nous n'avons alors littéralement personne avec qui communiquer. Nous sommes seuls pour un court instant, avant d'ailleurs de disparaître nous-mêmes de la scène.

La possibilité de l'évasion dans tout le système solaire offre cependant une vision beaucoup plus séduisante. Même si notre probabilité d'y parvenir n'était guère que d'une chance sur deux, ce qui nous paraît déjà plutôt pessimiste, cela donne en moyenne une durée de vie L_c = 2,5 milliards d'années. On trouve alors, dans l'hypothèse pessimiste, N = 750000, un nombre respectable, qui place notre correspondant potentiel le plus proche à peut-être 15 années de lumière seulement. Dans l'hypothèse optimiste, on obtient N = 6 milliards. Dans ce dernier cas, la Galaxie grouille littéralement de civilisations.

Remarquons d'ailleurs que, dans le cas de la colonisation galactique le nombre N n'est plus donné par la formule de Drake, puisqu'un petit nombre de civilisations au départ suffit à peupler pratiquement toute la Galaxie, y compris des systèmes où la vie ne serait pas apparue spontanément. On doit alors s'attendre à trouver des civilisations partout, et notamment autour des étoiles proches.

Mais, comme le disait déjà Enrico Fermi il y a quarante ans : où sont-ils donc ? Pourquoi ne les avons nous pas déjà rencontrés ? C'est l'interrogation à laquelle nous essayerons de répondre dans la seconde partie de ce livre.

DEUXIÈME PARTIE

COLONISATION DE L'ESPACE ET COMMUNICATIONS INTERSTELLAIRES

CHAPITRE 5

Un scénario pour les 25 siècles à venir

« La Terre est le berceau de l'humanité,
mais on ne passe pas sa vie dans un berceau. »

K. Tsiolkovsky (1857-1935)

Nous allons esquisser un scénario possible du devenir de l'humanité dans les 2500 prochaines années. Nous employons le mot possible pour deux raisons :

— ce scénario n'est pas certain, car qui pourrait prévoir à ce terme avec certitude ? Il n'est pas nécessairement le plus probable, pour autant qu'on puisse définir la probabilité en ce domaine. Ni certain, ni nécessairement le plus probable, il est simplement possible ;

— mais il est aussi possible en ce sens qu'il est rationnel : il s'appuie sur des données scientifiques aujourd'hui connues et bien admises, et ne fait pas appel à la physique, la biologie ou la psychologie du troisième millénaire, que nous ne connaissons pas.

Ce scénario ne s'apparente donc en aucune façon à de la science-fiction. Il recourt à l'anticipation technologique en faisant des hypothèses raisonnables sur les réalisations techniques qui découleront dans l'avenir des connaissances scientifiques fondamentales d'aujourd'hui ; c'est un scénario prudent. La réalité sera sans doute plus étonnante.

Nous nous appuierons pour prendre notre envol vers le futur sur le rapport demandé par le président Reagan et par le Congrès des États-Unis à un groupe de personnalités sous la conduite de Thomas Paine, qui fut responsable de la NASA lors du premier débarquement sur la Lune. Ce rapport intitulé *Pioneering the Space Frontier*, traite de la conquête civile de l'espace par les États-Unis dans le prochain siècle.

Prospective à 50 ans : le rapport Paine

Remis au président et aux parlementaires américains mi-86, le rapport Paine est l'œuvre de 15 personnalités groupées dans la « Commission nationale de l'espace ». Deux d'entre elles ont déjà été citées ici. Ce sont Neil Armstrong, le premier homme à avoir marché sur la Lune, et Louis Alvarez, prix Nobel de physique, qui a attribué à la chute d'un bolide la disparition des dinosaures et de nombreuses espèces vivantes voici 65 millions d'années. Un autre membre de la commission retiendra notre attention plus loin, c'est le physicien Gérard O'Neill, le théoricien des gigantesques et très confortables îles de l'espace où, selon lui, s'implantera progressivement l'humanité.

L'ouvrage comporte 200 pages, très denses, et nous ne l'analyserons pas en détail. Dans cette section, nous décrivons comment les auteurs se représentent l'état de la conquête spatiale à 50 ans d'ici, vers 2035. La projection pour les 50 ans à venir est en effet l'objet essentiel de l'ouvrage, qui propose aux dirigeants américains les buts, les modalités, les étapes et le financement de la conquête de l'espace sur cette période par les États-Unis, en coopération avec d'autres nations.

Les auteurs sont « confiants que le siècle prochain verra des pionniers, hommes et femmes de beaucoup de pays, travailler et vivre à travers tout le système solaire intérieur ». Le système solaire intérieur comprend essentiellement, outre la Terre, la Lune, Mars et ses satellites, et les astéroïdes. Il comprend aussi, plus près du Soleil, Vénus et Mercure, mais ces planètes ne sont pratiquement pas évoquées dans le rapport. Peu hospitalières, elles sont plus des objets d'étude que des zones de peuplement. Or, c'est le peuplement du système solaire que le rapport Paine propose comme objectif lointain aux responsables américains. Le président Reagan avait d'ailleurs auparavant lui-même pointé le doigt vers cet objectif, et même au-delà : le 15 janvier 1984, il avait déclaré dans son discours sur l'état de l'Union, où il annonçait notamment sa décision de faire construire une station spatiale en orbite basse dans les 10 ans : « L'Amérique a toujours été la plus grande quand nous avons été mis au défi d'être les meilleurs. Nous pouvons à nouveau atteindre la grandeur. Nous pouvons poursuivre nos rêves vers les lointaines étoiles en vivant et travaillant dans l'espace pour l'amélioration de la paix, de l'économie et de la science. »

Plaçons-nous donc en 2035, et examinons les activités humaines telles que les voit la commission Paine, successivement dans la banlieue spatiale proche de la Terre, sur la Lune, sur Mars et ses satellites, et près des astéroïdes.

La banlieue terrestre en 2035

Nous décrirons d'abord les installations placées en orbite basse, à quelques centaines de kilomètres de la Terre, puis les installations en orbite géostationnaire, qui restent à la verticale d'un point fixe du sol à 36000 kilomètres de la Terre, et enfin les moyens d'accès à tous ces objets.

Les orbites basses. Elles contiendront d'abord, plus encore qu'aujourd'hui, des satellites commerciaux d'observation de la Terre. Dérivés des Landsat américains ou des Spot français, ces satellites vendront au monde entier des images, dans le visible ou l'infrarouge, voire dans le domaine radar. On pourra ainsi surveiller les récoltes et les forêts, détecter des gisements minéraux, surveiller la pollution, etc.

La plupart des satellites astronomiques seront en orbite basse.

Citons par exemple un réseau de télescopes actuellement au stade de la conception. La combinaison automatique des images de ces télescopes donnera au réseau une extrême résolution ; on pourra ainsi détecter d'éventuelles planètes autour d'étoiles proches, par les perturbations que causent ces planètes au mouvement de leur soleil.

Des stations spatiales utilisées comme centres de recherche ou comme ateliers de fabrication utiliseront, comme le fait déjà la station spatiale soviétique Mir, les ressources de la microgravité. Celle-ci devrait permettre de fabriquer des produits pharmaceutiques très purs, des matériaux sophistiqués pour l'électronique ou des alliages métalliques particuliers. L'intérêt économique de ces fabrications n'est pas encore confirmé, mais pourrait donner lieu à des chiffres d'affaires considérables dans 50 ans. La production concernerait évidemment des objets chers, de faible volume et de faible masse, à cause du coût du transport.

La commission Paine pense aussi qu'une industrie touristique se développera en orbite basse. Les vues splendides qu'ont les cosmonautes sur la Terre et les cieux devraient attirer les visiteurs.

L'orbite basse comprendra enfin au moins un « spatioport », sur lequel nous reviendrons. Disons ici que ce spatioport, habité en permanence, effectuera la maintenance et l'approvisionnement, en combustible notamment, des satellites et des stations spatiales. Pour cela, il leur enverra un « véhicule de manœuvre orbitale », télécommandé ou piloté, muni d'un bras manipulateur. Un tel véhicule est actuellement en cours de développement. Il pourra, pour des réparations importantes, remorquer un satellite jusqu'au spatioport. Il effectuera d'ailleurs souvent lui-même la première mise en place de ces satellites. Ceux-ci arriveront du sol par fusée-cargo jusqu'au spatioport où ils seront vérifiés, et leurs antennes et panneaux solaires déployés. Le véhicule de manœuvre orbitale les remorquera alors doucement jusqu'à leur lieu de travail.

Toutes les fonctions du spatioport que nous venons de décrire seront assurées dès les années 90 par la station spatiale américaine en projet, première version du spatioport.

Une remarque vaut pour toute cette section. Nous y résumons le rapport Paine, consacré à la conquête américaine de l'espace civil. Si nous ne parlons pas d'autres projets à long terme, soviétiques, européens ou autres, c'est uniquement parce qu'ils n'ont pas, à notre connaissance, fait l'objet d'une publication aussi détaillée.

L'orbite géostationnaire. À 36000 km de la Terre, dans le plan de l'équateur, les satellites en font le tour en un jour ; ils restent donc constamment à la verticale du même lieu. En 2035, de nombreux satellites commerciaux exploiteront cette stationnarité. Des satellites de télécommunication transmettront les messages téléphoniques ou les émissions télévisées comme aujourd'hui, le courrier électronique et le visiophone comme demain. Des satellites de navigation permettront aux avions, aux bateaux et aux autos de connaître leur position exacte affichée sur un récepteur spécial. Parmi les satellites scientifiques, des satellites météo et de nombreux satellites d'observation de la Terre donneront une couverture globale permanente de notre planète ; ils participeront ainsi à la surveillance des phénomènes importants pour l'humanité tels que la dérive des continents, les séismes et l'activité volcanique.

L'orbite géostationnaire aura une importance économique considérable s'il s'avère rentable d'y placer des centrales solaires productrices d'énergie électrique. Celle-ci sera dirigée sous forme de micro-ondes vers des stations réceptrices au sol. Le projet remonte aux années 70 et a pris une vigueur nouvelle sous l'impulsion du physicien Gérard O'Neill. Celui-ci a montré comment on pouvait espérer réduire de beaucoup le coût des constructions des centrales en utilisant des matériaux lunaires, comme nous le verrons plus loin. Par rapport aux centrales à charbon ou à hydrocarbures, les centrales solaires orbitales auront l'avantage de ne pas accroître le taux de gaz carbonique dans l'atmosphère, taux qui préoccupe beaucoup les spécialistes de l'environnement. Par l'effet de serre, dont nous avons déjà parlé, ce taux, s'il continue à augmenter, risque en effet de provoquer un réchauffement de l'atmosphère et la fonte de grands glaciers provoquant l'inondation d'énormes territoires habités.

Dans cette lutte contre l'effet de serre, les centrales nucléaires seront peut-être des concurrents des centrales orbitales. Si celles-ci l'emportent, elles seront l'objet d'une forte compétition internationale. Le rapport Paine n'évoque pas les centrales solaires terrestres, qui seront aussi à notre avis des concurrentes possibles, au moins dans certains endroits.

L'accès aux orbites. Il faudra d'abord aller du sol aux orbites basses. Pour cela, les Américains utilisent aujourd'hui la navette, qui a été conçue pour assurer 4 fonctions distinctes : le transport aller et retour des passagers, le transport aller des charges lourdes, la fonction de spatioport lorsqu'elle récupère et répare un satellite, et enfin le rôle de station de recherche lorsqu'on y effectue des expériences en microgravité. Les deux dernières fonctions, nous l'avons vu, seront dévolues à des stations spécialisées. Faire effectuer les deux premières, transport des personnes et des charges, par le même véhicule serait trop cher ; la commission prévoit donc le développement de deux véhicules distincts, optimisés chacun pour sa mission, une fusée-cargo sans pilote, munie d'ailes lui permettant de revenir sur Terre après avoir déposé en orbite ses charges lourdes ou encombrantes, et un vaisseau de transport aller et retour de passagers, piloté.

Pour ce vaisseau, plusieurs projets sont à l'examen. Nous ne décrirons que le plus ambitieux, un avion aérospatial piloté capable de décoller d'une piste classique d'avions à réaction et d'y atterrir. Grâce à un statoréacteur, de principe voisin mais différent de celui des turboréacteurs actuels, l'avion pourrait atteindre et même dépasser dans l'atmosphère 12 fois la vitesse du son. Cette vitesse serait plus que suffisante pour le mettre en orbite basse. Le combustible serait de l'hydrogène liquide, qui se combinerait à l'air atmosphérique. Le produit de la combustion étant de l'eau, l'avion ne serait pas polluant. De petites fusées à hydrogène et oxygène liquides lui permettraient d'évoluer sur son orbite. Dans une configuration différente, cet avion pourrait transporter d'un aéroport à n'importe quel autre du globe terrestre passagers ou fret en moins de deux heures. Cela constituerait une retombée commerciale importante du programme de développement, actuellement en cours, de l'avion aérospatial.

La destination la plus fréquente des fusées-cargos et des transports de personnels sera en 2035 le spatioport. De construction modulaire, cette installation comprendra des habitacles dotés de gravité artificielle. Pour créer cette gravité, on accouplera les habitacles 2 par 2 au moyen de cordes très résistantes en Kevlar, et on les fera tourner autour du centre de gravité de l'ensemble. La force centrifuge procurera la gravité souhaitée. Chacun a pu voir dans une essoreuse de machine à laver le linge appliqué sur la paroi par la force centrifuge. Il sera ainsi possible de résider longtemps dans ces modules sans subir les effets fâcheux de l'apesanteur prolongée : diminution des masses musculaires et osseuses, troubles cardiovasculaires, pour ne citer que les principaux. Restaurants, hôtels et ateliers de réparation procureront de confortables séjours aux visiteurs, qui jouiront de vues magnifiques à l'extérieur des modules, l'intérieur étant agrémenté par des fleurs et des plantes vertes authentiques. On sera loin des habitats spartiates des stations spatiales du XXe siècle.

Nous avons déjà vu l'utilisation du spatioport pour les objets en orbite basse. Pour atteindre l'orbite géostationnaire, le spatioport abritera des fusées à hydrogène et oxygène liquides. Après avoir transporté passagers ou fret à destination, les fusées reviendront au spatioport, en se freinant au cours d'évolutions orbitales dans la haute atmosphère au moyen de boucliers aérofreins, légers et résistant aux hautes températures. Des fusées analogues permettront d'atteindre un spatioport lunaire ; enfin, c'est du spatioport terrestre que partiront les voyageurs et le fret à destination de Mars, voire des astéroïdes.

La Lune et sa banlieue en 2035

Arrivés au spatioport lunaire, les voyageurs emprunteront un véhicule d'alunissage pour se rendre à une base de vie lunaire. De là, des engins tout-terrain pourront les transporter aux chantiers d'extraction et aux usines, du moins à celles qui ne seront pas en orbite lunaire, ainsi qu'aux stations scientifiques. Donnons quelques détails :

Le spatioport lunaire et le véhicule d'atterrissage

En orbite autour de la Lune, le spatioport lunaire ressemblera au spatioport terrestre. Les fusées pourront s'y garer, faire le plein, et être entretenues ou réparées. Les voyageurs pourront s'y restaurer et dormir dans un cadre agréable. Des quantités importantes de matériels en provenance de la Terre y transiteront : modules d'habitation, grues, équipements scientifiques, véhicules tout-terrain, matériels d'usine, etc. Voyageurs et fret quitteront ensuite le spatioport à bord de véhicules d'atterrissage ; ces fusées à hydrogène et oxygène liquides seront identiques à celles assurant la liaison avec le spatioport terrestre, à une différence près : leur extrémité sera munie de 3 jambes d'atterrissage et non d'un bouclier aérofrein.

Les bases de vie lunaire

Une base de vie lunaire sera une « biosphère », c'est-à-dire un espace clos pressurisé dans lequel la flore, la faune et les humains constitueront un système écologique presque fermé, ne nécessitant guère comme apport extérieur que de l'énergie. Schématiquement, disons que les animaux se nourriront de plantes, qui se nourriront elles-mêmes de déchets d'animaux ; le gaz carbonique produit par la respiration des animaux sera absorbé par les plantes, qui restitueront de l'oxygène pouvant à nouveau alimenter la respiration.

Depuis plus de dix ans des biosphères sont expérimentées en U.R.S.S. et aux États-Unis en vue de la conquête de l'espace. À la parution de cet ouvrage, quatre Américains et quatre Américaines devraient avoir pénétré dans *Biosphère 2*, actuellement en construction près de Tucson (Arizona). Ils n'en sortiront pas, en principe, pendant deux ans. *Biosphère 2* s'étendra sur 16 000 m^2 et son toit sera à 6 m du sol. Malgré ses dimensions modestes, elle comprendra, outre une ferme, une mer, une savane, une jungle, une forêt tropicale et d'autres échantillons de systèmes écologiques terrestres. Elle livrera d'ailleurs des enseignements pratiques sur ces systèmes, utilisables pour l'aménagement de notre planète. En fait, le rapport Paine prévoyait l'expérience pour 1989.

Ne doutons pas que les bases de vie lunaires constitueront par certains côtés de petits édens. Mais combien de temps pourra-t-on séjourner sur la Lune sans inconvénient pour l'organisme ? La pesanteur n'y est que le sixième de la pesanteur terrestre. Pour répondre à cette question, on aura placé en orbite basse terrestre, bien avant l'implantation humaine sur la Lune, une station à gravité variable. Décrivons-la : constituée d'un module d'habitation relié à un contrepoids par un câble en Kevlar, cette station tourne autour du centre de gravité de l'ensemble module, contrepoids et câble. En faisant varier la vitesse de rotation et la longueur du câble, on fait varier la gravité artificielle dans le module. On peut donc étudier le comportement des humains, mais aussi celui d'animaux et de plantes à tout niveau de gravité et toute vitesse de rotation. La vitesse de rotation peut influer sur le confort : elle engendre des forces, dites de Coriolis, sur les êtres qui se déplacent dans le module ; agissant sur l'oreille interne, ces forces sont susceptibles de provoquer vertiges, nausées et autres troubles. On présume que la vitesse de rotation acceptable sera de un à dix tours par minute. Avec un tour par minute, on obtient la gravité terrestre pour un rayon de giration de 900 m.

Les véhicules lunaires

Comme sur Terre dans l'Antarctique, on utilisera deux types de transport tout-terrain : pour les longs voyages ce seront de grands véhicules à atmosphère pressurisée, dans lesquels on pourra vivre commodément plusieurs jours ; on y travaillera en bras de chemise. Pour de courts déplacements on utilisera de petits véhicules semblables aux jeeps lunaires de l'époque du projet Apollo ; on y voyagera en tenue spatiale.

L'industrie lunaire extractive

L'industrie de base sera extractive. Le sol lunaire sera utilisé tel quel pour faire des boucliers de protection contre les rayons cosmiques, et tout particulièrement contre les particules émises par le Soleil lors des éruptions liées à l'activité de ses taches. On protégera ainsi la base de vie lunaire, ainsi que les modules habitables des spatioports et les stations orbitales terrestres. Pour ces dernières, il sera en effet plus économique d'acheminer les matériaux de protection depuis la Lune que depuis la Terre. Pourquoi ? Essentiellement parce que la force d'attraction de la Lune est moindre que celle de la Terre ; de plus, il n'y a pas d'atmosphère autour de la Lune alors qu'une fusée s'élevant de la Terre doit vaincre la résistance de l'air.

L'énergie nécessaire aux carrières d'extraction, ainsi qu'à la base de vie, sera probablement d'origine nucléaire. Les centrales solaires implantées sur la Lune auront en effet l'inconvénient de s'arrêter pendant près de 15 jours terrestres, durée de la nuit lunaire.

Une centrale solaire fonctionnerait en permanence si on l'installait sur une station orbitale. C'est peut-être en orbite que seront implantées les usines de transformation du sol lunaire. Le calcul économique tranchera entre usines sur la Lune et usines en orbite.

Dans ce calcul interviendra le coût du transport des matériaux lunaires vers les usines orbitales. O'Neill a imaginé, et commencé à expérimenter sur Terre, un moyen de réduire ce coût, c'est la catapulte électromagnétique. Nous la décrivons en complétant les données figurant dans le rapport Paine par des précisions extraites des publications de O'Neill.

La catapulte électromagnétique et la station L2

Imaginons un rail formant une boucle allongée de plusieurs kilomètres de pourtour ; sur une longueur droite de ce rail se déplace un grand godet, contenant une charge de matériaux lunaires compactés. Au godet est lié un circuit supraconducteur, qui subit des impulsions magnétiques créées successivement en plusieurs points du rail par des circuits supraconducteurs fixes. Les accélérations ainsi communiquées au godet lui permettent d'atteindre à l'extrémité de la ligne droite la vitesse de libération de la Lune, soit 2,4 km/s. Il ralentit alors, et la charge qu'il contient poursuit sa course dans l'espace vers une station orbitale dite L2 où elle est freinée par un filet spécial, et stockée. Le godet vide prend un virage de 180° à allure réduite, et vient recevoir un nouveau chargement dans la section retour de la voie. Un nouveau virage à 180° le ramène sur la longueur droite de catapultage et le processus recommence (*v.* Schéma hors texte, p. VI).

Le godet n'est pas lié au rail par des roues, qui ne supporteraient pas la vitesse ; il lui est lié, sans contact, par des forces magnétiques, comme dans les trains à sustentation magnétique en expérimentation de nos jours. La station orbitale L2 qui reçoit la charge est en permanence pratiquement dans l'axe de la catapulte et à distance constante de celle-ci. Les petits écarts de direction et de distance sont corrigés par des forces électromagnétiques agissant sur le godet juste avant la libération de la charge.

Pourquoi la station L2 est-elle pratiquement fixe par rapport à la catapulte ? Parce qu'elle est placée dans le prolongement de l'axe Terre-Lune, en un endroit appelé le deuxième point de Lagrange, L2. En 1772, le mathématicien Joseph-Louis Lagrange a démontré qu'il existe dans le système Terre-Lune cinq points (notés respectivement L1, L2, L3, L4 et L5) tels que tout corps qui y est placé avec une vitesse appropriée garde une position fixe par rapport à la Terre et à la Lune, grâce à l'équilibre des forces gravitationnelles et centrifuges s'exerçant sur lui (*v.* dessin hors texte, p. V).

Si l'usine de transformation est située sur une autre station spatiale que L2, un cargo à faible poussée transférera les matériaux stockés en L2 vers cette usine.

L'industrie de transformation

Qu'elle soit sur la Lune ou en orbite, l'industrie de transformation du sol lunaire produira en priorité de l'oxygène. Celui-ci représente 40 % en masse du sol lunaire, constitué essentiellement de silicates. Il sera utilisé pour la propulsion des fusées. L'autre élément nécessaire à cette propulsion, l'hydrogène, sera peut-être trouvé en quantité dans les glaces polaires de la Lune. Sinon, il sera peut-être intéressant de l'extraire des poussières lunaires, où il provient d'un bombardement permanent par le vent solaire. À défaut, on le fera venir de la Terre. Bien entendu, l'oxygène sera utilisé pour fabriquer de l'air respirable, et on le combinera à l'hydrogène pour faire de l'eau. Du sol lunaire seront sans doute extraits du silicium, utilisé pour les cellules solaires, ainsi que du fer. Les bombardements de météorites ont apporté pendant des milliards d'années un fer relativement pur qui s'est mélangé au sol sous forme de poudre fine. Ce fer pourra être séparé magnétiquement du sol, et mise en œuvre par la métallurgie des poudres, bien connue aujourd'hui, pour la fabrication automatique de pièces mécaniques de précision. Beaucoup de terrains lunaires sont constitués de verres. Ceux-ci pourront être transformés, probablement sans séparation chimique, en matériaux composites analogues aux composites à fibre de verre. On aura ainsi des matériaux de structure, légers et résistants (utilisables pour l'habitat, les usines, les stations orbitales, etc.

Passons sur d'autres productions possibles, telles que l'aluminium ou le titane, et mentionnons une caractéristique commune aux chantiers d'extraction, aux usines de transformation, et plus généralement aux équipements lunaires. Ils seront extrêmement automatisés, et pourront être télésurveillés et télécommandés soit du sol lunaire, soit même de la Terre. Un ordre télécommandé par voie hertzienne parvient en effet à la Lune une seconde seulement après son émission de la Terre. Ce délai est très acceptable industriellement.

Les installations scientifiques

Les installations scientifiques les plus spectaculaires seront sans doute les observatoires astronomiques. Sur la face cachée de la Lune, des radiotélescopes seront exempts du bruit provoqué par les ondes radio émises sur Terre.

Les télescopes optiques tireront parti de la stabilité du sol lunaire et de l'absence d'atmosphère. Ceux opérant dans l'infrarouge auront un atout supplémentaire. Ils bénéficieront du froid extrême régnant pendant la longue nuit lunaire, ce qui augmentera leur sensibilité.

Mars et sa banlieue en 2035

Nous retrouverons sur Mars et autour de cette planète bien des installations et des moyens qui auront été expérimentés auparavant sur et autour de la Lune. Le spatioport, les véhicules de débarquement reliant le spatioport aux bases de vie, les biosphères, les centrales nucléaires, les véhicules tout-terrain. Nous y verrons en plus des avions, car Mars possède une atmosphère, si ténue soit-elle.

Cependant, l'implantation sur Mars différera de celle sur la Lune pour une raison essentielle : Mars est environ 1 000 fois plus loin de la Terre que ne l'est la Lune. Il en découle plusieurs conséquences :

— le voyage du spatioport terrestre au spatioport martien prendra, non pas un ou deux jours, mais plusieurs mois. Il supposera des vaisseaux nouveaux, que nous décrirons ;

— en cas d'incident, un secours rapide de la Terre ne sera pas possible. Les bases de vie devront donc être redondantes, une base orbitale pouvant recueillir par exemple les habitants d'une base au sol, et inversement. Les réacteurs nucléaires devront aussi être redondants, certains étant prêts à démarrer si d'autres deviennent indisponibles ;

— l'implantation sur Mars sera plus tardive et en 2035 on ne trouvera pas d'installations minières et industrielles comparables à celles de la Lune. Les résidents des biosphères auront essentiellement une activité scientifique. Ils exploreront, par exemple, des canyons profonds dont les strates éclaireront l'histoire de la planète, et peut être apporteront la preuve de l'existence dans le passé de certaines formes de vie.

Par quelques aspects, cependant, la vie sur Mars sera plus facile que sur la Lune :

— la gravité sur Mars est double de la gravité lunaire. L'homme s'en accommodera sans doute sur des durées plus longues, peut-être très longues ;

— la durée du jour martien équivaut à peu près à celle du jour terrestre ; il n'y aura donc pas les longues nuits lunaires ;

— Mars possède de l'eau dans son sous-sol. Son atmosphère est faite de gaz carbonique, avec un peu d'azote et d'argon. On pourra donc y fabriquer un jour du méthane et des engrais azotés. Mais surtout, très rapidement, l'approvisionnement en eau et en air pour les résidents, et en oxygène et hydrogène pour les fusées sera plus simple que sur la Lune ; il sera plus aisé encore si le satellite le plus proche de Mars, Phobos, contient, comme on l'espère, de l'eau facile à extraire du sol par chauffage. Cette eau, décomposée sur place en hydrogène et oxygène, alimenterait une station-service où les fusées viendraient faire le plein, à 10000 km seulement de Mars. Phobos n'a que 20 km de diamètre environ ; la gravité y est donc très faible, et les fusées pourraient y accoster simplement, et non y atterrir. Le rapport Paine précise que la composition de la surface de Phobos sera connue bientôt : en 1989, deux sondes soviétiques devaient la déterminer en vaporisant à faible distance par faisceau laser des échantillons du sol puis en effectuant l'analyse spectrométrique des vapeurs ainsi dégagées. Malheureusement, le contact avec les deux sondes a été perdu avant qu'elles n'accomplissent leur mission d'étude de Phobos.

Comment la commission Paine voit-elle le voyage vers Mars ?

Le voyage de la Terre à Mars

Il nous suffit de décrire la traversée depuis le spatioport terrestre jusqu'au spatioport martien, car nous avons déjà vu les liaisons par fusées des spatioports avec leurs planètes respectives. Pour des raisons d'économies d'énergie, il pourrait être avantageux que les voyageurs et le fret partant du spatioport terrestre transitent par un spatioport dit L1. L1 est situé sur le segment reliant la Terre à la Lune, à distance pratiquement fixe de l'une et de l'autre. C'est, comme L2 qui se trouve dans le prolongement de ce segment au-delà de la Lune, un point de Lagrange. Une station placée en L1 avec une vitesse appropriée reste en L1. Du spatioport L1, une fusée de transfert ira rejoindre un vaisseau-noria circulant sans aucune escale entre la banlieue terrestre et la banlieue martienne, et sera parquée dans le vaisseau. À partir de la banlieue terrestre, le vaisseau se dirigera vers Mars, contournera cette planète sous l'effet de la force d'attraction, et reviendra vers la Terre qu'il contournera de même. L'entretien de ce mouvement de noria ne coûtera pratiquement pas d'énergie. Aussi le préférera-t-on à un trajet comportant des accostages à des spatioports, et donc des modifications de vitesse consommant beaucoup d'énergie, compte tenu de la masse imposante des vaisseaux. La fusée de transfert, beaucoup plus légère que le vaisseau, consommera peu d'énergie.

À l'approche de Mars, la fusée de transfert, dont on aura fait le plein, quittera le vaisseau-noria pour aller au spatioport martien. Le vaisseau reviendra vers la Terre.

Le cargo-noria

Le véhicule vraiment nouveau de cet ensemble sera le vaisseau-noria. Pour les passagers, ce sera un « paquebot » propulsé vraisemblablement par des fusées à hydrogène-oxygène. Pour le fret, ce sera un cargo sans équipage, donc hautement robotisé, dont l'énergie proviendra de cellules solaires ou de réacteurs nucléaires. L'énergie produite sous forme électrique actionnera une catapulte électromagnétique de quelques centaines de mètres de long dont nous avons déjà décrit le principe. La catapulte projettera à grande vitesse hors du vaisseau, dans une direction choisie, des morceaux de sol extraits de la Lune, de Mars, de Phobos ou de Deimos, ou des déchets industriels. Par réaction, le vaisseau sera accéléré dans la direction opposée, comme un fusil qui recule lorsqu'il lance sa balle. Afin d'éviter l'accumulation de débris dans l'espace, le matériau éjecté par la catapulte se présentera sous forme de poudre, et sera peut-être vaporisé lors de son éjection.

Une variante à la catapulte serait le moteur ionique où l'énergie électrique sert à accélérer certains atomes chargés électriquement, ou ions. Par rapport au moteur ionique, la catapulte, a l'avantage d'utiliser pour la propulsion à peu près n'importe quel matériau.

Les cargos-norias, entièrement automatiques, disposeront d'un haut degré d'intelligence artificielle, car les signaux de commande mettront plusieurs minutes pour aller de la Terre à la région de

Mars. Les cargos, comme les paquebots, auront été essayés longuement autour de la Lune.

Le paquebot-noria

Les paquebots-norias, à propulsion chimique, comporteront un équipage et des passagers. Le séjour des passagers durera 6 mois environ, et celui de l'équipage un an ou plus. Les conditions de vie devront donc être agréables. On devra y trouver gravité, bon air, nourriture fraîche, verdure, distractions et équipements de recherche. À cet effet, les passagers et l'équipage vivront dans de vastes modules analogues à ceux des spatioports, reliés deux à deux par des câbles et animés d'un mouvement de rotation procurant une pesanteur artificielle. Certains modules seront destinés à l'habitation, d'autres à la détente, d'autres à la culture des fruits et légumes, etc. Un module sera particulièrement protégé contre les radiations par une bonne épaisseur de matériaux, et l'on y prendra place en cas d'éruption solaire. À l'issue du voyage, les passagers passeront de 1 à 4 ans sur Mars, la date du retour dépendant des positions respectives de la Terre, de Mars et des paquebots-norias.

L'après 2035 selon le rapport Paine

Sans donner de dates pour leur réalisation, la commission Paine évoque les progrès de l'implantation humaine sur la Lune, sur Mars, autour de ces astres, et dans les différentes régions d'astéroïdes au-delà de 2035.

La Lune et Mars

À long terme, ces astres seront exploités de plus en plus intensément, des machines automatisées y fabriquant d'autres machines automatisées. La croissance de l'économie, et celle de la population, pourront être exponentielles pendant longtemps.

Le rapport porte un intérêt spécial à Mars, considéré comme une patrie de rechange (« alternative home ») pour l'humanité. Il ne s'étend pas sur ce point, mais le lecteur pense à la mise en valeur de Mars par « terraforming » conçue et popularisée par Carl Sagan : des lichens obtenus par génie génétique sont fixés aux glaces polaires de Mars. De couleur sombre, ils absorbent la lumière solaire, s'échauffent et font fondre les glaces, dont l'eau et le gaz carbonique sont ainsi libérés. Les eaux sont canalisées et le gaz carbonique est transformé en oxygène par des végétaux que l'on implante sur Mars. En quelques siècles ou quelques millénaires, l'air de Mars devient respirable et une couche d'ozone protège son atmosphère des rayons ultraviolets. La faisabilité de l'opération de terraforming, et notamment la possibilité de produire par génie génétique des lichens ou d'autres végétaux aptes à se fixer durablement sur les calottes glaciaires de Mars, n'est cependant pas démontrée.

Les astéroïdes

À une date indéterminée, peut-être proche, on exploitera les ressources minières de certains astéroïdes dont les orbites sont proches par endroit de celle de la Terre. On dépensera moins d'énergie à les atteindre qu'à atteindre la Lune. Comme nous l'avons vu pour Phobos, lui-même soupçonné d'être un astéroïde capturé par Mars, leur faible masse permettra de les accoster aisément. Des robots exploiteront alors leur sol très riche.

À une date beaucoup plus lointaine, l'humanité colonisera la ceinture principale d'astéroïdes, dont les orbites sont comprises entre celle de Mars et celle de Jupiter. Leur abondance en matériaux minéraux et organiques intéressants leur permettrait de faire vivre une civilisation dont la population serait plusieurs milliers de fois la population actuelle du globe. L'énergie solaire y est disponible. Cependant, ces astéroïdes sont à des distances importantes de la Terre, représentant plusieurs fois la distance Terre-Mars. Ils ne seront donc intéressants que pour nos descendants dans les siècles à venir. À l'exception des plus gros, tel Cérès (1000 km environ de diamètre), ces astéroïdes ne seront pas habitables. Les humains habiteront entre les astéroïdes, à l'intérieur d'« îles de l'espace » dont le rapport donne un aperçu.

Les « îles de l'espace »

Certaines des stations spatiales que nous avons décrites seront remplacées ultérieurement par des cités beaucoup plus vastes et confortables dont la conception est due à O'Neill. Les premières îles de l'espace seront des sphères abritant quelques milliers de personnes. La gravité proviendra de la rotation de la sphère sur elle-même. Le soleil y pénétrera par des baies qu'éclaireront des miroirs à inclinaison contrôlée. Le cycle jour-nuit sera respecté. Les habitants disposeront d'un volume habitable et de surface pour la vie courante comparables à ce qu'ils ont aujourd'hui dans les quartiers urbains aisés. De vastes espaces seront réservés aux fleurs, au gazon et aux arbres. Le climat sera évidemment entièrement contrôlé. Bien que le rapport ne le précise pas, il est clair que des îles de l'espace plus spatieuses encore pourront être construites un jour, et seront bienvenues dans la ceinture d'astéroïdes. Nous allons les évoquer.

La colonisation du système solaire au IIIe millénaire

Pour aller au-delà du rapport Paine, nous tirerons fortement parti des travaux de Gérard O'Neill, et notamment de son ouvrage *les Villes de l'espace*. La réputation de sérieux de ce physicien ouvert à l'avenir a largement dépassé les frontières des États-Unis. C'est ainsi que le professeur André Lebeau, qui fut directeur des programmes d'abord au C.N.E.S., puis à l'Agence spatiale européenne, estime dans un ouvrage récent, *l'Espace en héritage*, que l'apport de O'Neill pourrait se révéler un jour capital. Un des mérites de O'Neill est d'avoir imaginé la conquête du système solaire à partir de techniques que nous pouvons concevoir aujourd'hui. L'île de l'espace abritant une population importante, la catapulte électromagnétique permettant l'évacuation des produits de la Lune ou la propulsion des vaisseaux vers Mars ont été imaginés par lui. Ces concepts ont été vérifiés et complétés par de grandes firmes aérospatiales américaines soutenues par la NASA. Il n'est donc pas surprenant que la commission Paine, dont il fit partie, les ait intégrés dans son rapport.

Le point de départ économique de la colonisation de l'espace à grande échelle est, selon O'Neill, la construction de centrales solaires géostationnaires construites à partir de matériaux lunaires et envoyant leur électricité sur Terre sous forme de micro-ondes. André Lebeau fait remarquer que l'intérêt économique de ces systèmes n'est pas encore démontré, et la commission Paine prend une attitude analogue. Le scénario optimiste que nous retiendrons fait l'hypothèse fort plausible que les centrales orbitales seront rentables et qu'on en construira énormément au siècle prochain.

Nous ne détaillerons pas les premières étapes de la colonisation, au moyen de sphères abritant 10000 habitants décrites dans le rapport Paine, suivies de sphères plus grandes où habiteront 140000 personnes. O'Neill appelle ces sphères respectivement « île I » et « île II ». Les archipels de l'espace tirent alors l'essentiel de leurs ressources des centrales solaires orbitales que construisent leurs habitants. Nous nous placerons d'emblée en 2200, où les îles de l'espace sont devenues des cylindres de plusieurs kilomètres de diamètre et plusieurs dizaines de kilomètres de long, abritant chacun des millions ou des dizaines de millions de personnes. Nous présenterons le cadre de vie, puis l'économie et la société à cette époque.

Enfin, nous décrirons l'évolution des colonies solaires et celle de la Terre au cours des siècles suivants du IVe millénaire.

Lagrangia *en 2200* — Le cadre de vie

O'Neill estime, et nous le suivrons, qu'en 2200 les îles de l'espace seront des cylindres fermés à leurs extrémités par des calottes hémisphériques. Il a fait l'étude complète des cylindres d'un diamètres de 6,5 km et d'une longueur de 32 km qu'il a baptisés « île III ». D'autres, construits ultérieurement, seront plus grands, avec par exemple un diamètre de 24 km et une longueur de 120 km. Décrivons au présent le cadre de vie des milliards d'habitants de ces îles.

Géographie de Lagrangia

Les archipels comprennent chacun quelques dizaines d'îles résidentielles distantes les unes des autres de quelques centaines de kilomètres, ainsi que des îles agricoles et des îles industrielles. Ils sont localisés dans une région de l'espace qu'O'Neill appelle *Lagrangia*. Cette région, immense, entoure le point de Lagrange dit L5, qui se situe sur l'orbite de la Lune, à égale distance de la Terre et de la Lune (*v.* dessin hors texte, p. V). Les liaisons des habitants des îles avec ces deux corps célestes en sont facilitées.

Dans *Lagrangia*, les archipels décrivent des orbites d'une longueur de 800000 km autour de L5, deux archipels étant séparés par quelques milliers de kilomètres. Nous verrons que les transports des biens et des personnes à l'intérieur d'un archipel ou d'un archipel à l'autre sont rapides et peu coûteux. Les milliards d'habitants de *Lagrangia* peuvent ainsi aisément entretenir des relations.

Les cylindres sont groupés par paires : 2 cylindres tournant à la même vitesse en sens inverse sont maintenus parallèles par des barres de liaison (*v.* illustration hors texte, p. V). Dans ces conditions, les équations de la mécanique montrent qu'il est aisé d'obtenir que leurs axes soient constamment pointés vers le Soleil. Les cylindres peuvent ainsi au cours de leur déplacement dans l'espace recevoir en permanence la lumière solaire parallèlement à leur axe. Cette lumière est réfléchie par des miroirs extérieurs à chaque cylindre, et transmise à son intérieur par des baies vitrées. Les baies partagent le cylindre en trois vallées ensoleillées (*v.* illustration hors texte, p. VI).

Les îles résidentielles s'approvisionnent à des bicylindres agricoles proches. Elles sont plus éloignées des bicylindres industriels.

L'atmosphère des îles est composée d'oxygène et de vapeur d'eau. La pression d'oxygène d'un cylindre résidentiel est celle que l'on trouve sur Terre à 1500 m d'altitude. Elle est plus faible dans un cylindre agricole, ce qui allège la structure du cylindre tout en étant favorable aux cultures.

Le bicylindre résidentiel

Les 3 vallées de chaque cylindre ont chacune une longueur de 32 km sur une largeur de plus de 3 km. Elles sont séparées par des baies quadrillées de vitrages. Les miroirs extérieurs peuvent tourner sur leurs axes, de sorte que l'ensoleillement est variable. On peut régler la durée du jour, donc le climat. Deux cylindres jumelés sont réglés sur des climats différents, par exemple méditerranéen pour l'un, alpin pour l'autre, avec des saisons décalées, si bien qu'un court voyage d'un cylindre à l'autre permet au cours d'un week-end de loisir de passer du ski nautique d'été au ski alpin d'hiver. Les extrémités hémisphériques des cylindres sont en effet garnies de montagnes aux pieds desquelles s'étendent des lacs. Un phénomène curieux doit être noté : plus l'on monte sur une montagne, se rapprochant donc de l'axe du cylindre, plus la force centrifuge, donc la pesanteur artificielle décroît, et plus l'on se sent — et l'on est — léger. Sur les contreforts des montagnes, près des lacs, s'étendent des villes importantes. Les vallées comportent des villages disséminés au milieu de lacs, de forêts, et de parcs où chantent les oiseaux. Les golfs sont nombreux.

L'espace disponible par habitant, qui n'a cessé de croître depuis la construction des premières îles, est considérable. Toutes les commodités de la vie moderne se trouvent dans ces îles : restaurants, cinémas, théâtres, bibliothèques, clubs sportifs. Les sports traditionnels de la Terre sont pratiqués dans les vallées, mais, près de l'axe du cylindre on pratique des sports nouveaux que permet la faible pesanteur : ainsi le pédalo volant, avion mû par la seule force musculaire, et qu'un filet cylindrique empêche de tomber vers le sol si l'on s'écarte trop de l'axe ; ou la piscine à faible gravité, où l'on plonge lentement dans une eau dont la pression ne croît que très faiblement avec la profondeur. Parmi les spectacles nouveaux, le ballet en pesanteur réduite est particulièrement gracieux.

Les écrans de télévision en relief reçoivent par fibres optiques les programmes de chaînes, mais aussi les films de vidéothèque que le spectateur sélectionne. Les communications se font par fibre optique à l'intérieur d'une île, par laser entre deux îles ou avec la Terre, la Lune ou Mars.

Les transports

À l'intérieur d'une île, il n'y a ni automobiles à combustible, trop bruyantes, ni avions. Les transports vers le centre de la vallée se font par voiture électrique capable de regagner seule le domicile, ou à bicyclette. Le long de l'axe d'une vallée, on utilise des trains magnétiques se déplaçant dans des tubes à vide extérieurs au cylindre à 400 ou 500 km/h. Tous les trajets sont rapides. On passe en quelques minutes d'un cylindre à son jumeau, dans des capsules lancées par la vitesse tangentielle du premier cylindre et s'arrimant au second lorsqu'elles le tangentent. Les transports de personnes d'une île à une autre distante de quelques centaines de kilomètres se font dans des sphères. Celles-ci sont accélérées jusqu'à 1 000 km/h sur des aires de lancement de la première île au moyen de câbles mus par des moteurs électriques, et freinées sur la seconde par des filets. Une sphère de 9 m de diamètre emporte 50 personnes à qui elle procure une certaine gravité en tournant sur elle-même. Pour aller d'un archipel à un autre distant de 3 000 km, on utilise ces mêmes sphères. Le voyage prend un peu plus de 3 heures. Tous ces transports sont peu coûteux, rapides et confortables. Aussi les habitants de *Lagrangia* voyagent-ils beaucoup. Le transport des marchandises est encore moins cher, les conteneurs n'étant lancés par les câbles à moteur électrique qu'à une vitesse de 50 km/h.

Il nous reste à évoquer les transports vers la Terre. Les passagers se rendent au spatioport terrestre en quelques jours sur des vaisseaux aussi confortables que des transatlantiques et tournant sur eux-mêmes pour assurer la gravité. La propulsion à catapulte électromagnétique rend ces voyages peu coûteux. Pour les marchandises, certaines empruntent les mêmes moyens que les voyageurs : vaisseau spatial jusqu'au spatioport, fusées ou avions-fusées du spatioport à la Terre. Mais les matériaux produits dans l'espace peuvent ne pas transiter par le spatioport, et être lancés directement par conteneur du vaisseau spatial vers la mer, où on les récupère, un peu comme on récupérait en 1990 les capsules spatiales.

La qualité de la vie

Les facilités de transport dans tout *Lagrangia*, et le grand espace disponible par personne dans chaque cylindre, atténuent voire suppriment l'impression première d'exiguïté que peut ressentir un habitant de la Terre lorsqu'il vient résider dans une île.

Il mène par ailleurs à *Lagrangia* une vie plus saine et plus sûre que sur la Terre. Les climats, bien contrôlés, sont agréables. Les risques d'accident sont considérablement réduits : pas de séismes, d'éruptions volcaniques, d'ouragans, d'inondations. Il n'y a pratiquement pas d'accidents de voiture. L'espérance de vie en est accrue. De plus, le dernier âge de la vie est plus confortable. Beaucoup de personnes âgées se meuvent difficilement sur Terre. À *Lagrangia*, elles résident dans des villages à flanc de montagne où la pesanteur réduite facilite leurs mouvements.

Lagrangia offrant des emplois bien rémunérés, il n'est pas surprenant qu'elle attire les immigrants lassés d'une planète Terre où la vie est chère. Nous y reviendrons.

Mais la population de *Lagrangia* n'augmente pas que par immigration. Le haut niveau de vie et les loisirs que permettent les progrès scientifiques et techniques amènent nombre de couples à souhaiter avoir 3 enfants ou plus. Il n'y a pas de risque de surpopulation : l'« espace vital » s'agrandit au fur et à mesure des besoins, par la construction en série, rapide et de moins en moins coûteuse, des îles. Des emplois se créent en grand nombre. Il est temps de les évoquer.

Lagrangia *en 2200* — Économie et société

Lagrangia connaît un haut niveau de vie. Les biens agricoles et industriels et de nombreux services sont abondants et peu coûteux. En effet :

— les matériaux ne proviennent plus guère de la Terre, ni des mines de la Lune réservées aux industries de sa banlieue, mais des astéroïdes proches et de la ceinture d'astéroïdes qui les contiennent en abondance. Leur extraction et leur transport sont peu coûteux ;

— l'énergie solaire est inépuisable et bon marché ;

— l'automatisation des productions agricoles et industrielles et l'informatisation de beaucoup de services sont très poussés, et abaissent, elles aussi, régulièrement les coûts de production.

La majorité des habitants en âge de travailler, lorsqu'ils ne sont pas en période de formation ou de loisir, exercent dans des bureaux agréables qui évoquent ceux de la Silicon Valley en Californie ou de Sophia Antipolis près de la Côte d'Azur.

Bien entendu, les ateliers d'artistes et les laboratoires sont nombreux. L'activité culturelle à *Lagrangia* se développe constamment. Le chômage n'est pas complètement éliminé, mais il est supportable. La richesse générale permet d'assurer à tous la satisfaction des besoins élémentaires : habitat, nourriture, vêtements, transports, culture, éducation des enfants. Le travail est cependant préféré, car il procure un sentiment d'utilité sociale et une existence plus riche à tout point de vue.

L'agriculture

L'agriculture s'exerce à un niveau modeste dans les jardins privés, où la culture des arbres fruitiers, par exemple, permet aux particuliers un contact actif avec la nature. Mais elle est surtout pratiquée de façon intensive dans les bicylindres agricoles. Peu de personnes se rendent à leur travail, et pour peu de temps, dans ces îles au climat généralement chaud et humide. Des robots labourent, sèment et récoltent, télécommandés depuis les îles résidentielles. La plupart des cultures ont jusqu'à 4 récoltes par an, sans aucun aléa climatique (gel, inondation), sans parasites et sans oiseaux pillards. Fruits, légumes, céréales sont très variés ; ils sont consommés frais toute l'année, car les saisons sont décalées dans les différents cylindres agricoles. L'élevage des dindes, porcs, bovins, etc., requiert lui aussi peu de personnel sur place. L'exploitation des lacs et bassins, d'eau douce ou d'eau salée, qui sont nombreux dans les cylindres agricoles, permet de récolter avec une faible main-d'œuvre huîtres, praires, langoustes, poissons, et notamment l'esturgeon dont on extrait le caviar si riche en vitamines et oligo-éléments. L'alimentation des Lagrangiens est donc tout à fait satisfaisante.

L'industrie

Certaines industries légères, telles que la fabrication des appareils électroniques ou des instruments scientifiques, sont implantées dans les villes et villages des cylindres résidentiels. Des industries bénéficiant du vide et de l'apesanteur, par exemple la fabrication des composants électroniques, sont réparties dans des usines reliées à ces cylindres mais extérieures à eux et ne tournant pas. Les exploitants y accèdent de façon occasionnelle, en apesanteur, par des conduites dans l'axe des cylindres, surtout pour des tâches de maintenance spéciale. Mais, très généralement, la production et la maintenance font usage localement de l'intelligence artificielle et sont supervisées par télécommande.

Les industries lourdes ou polluantes sont concentrées dans des bicylindres industriels, fortement automatisées et télécommandées depuis les bureaux des îles résidentielles. Il en est ainsi de la métallurgie, de la mécanique lourde, de la chimie. Les fours sont généralement solaires. Les déchets sont presque tous récupérés. Les fumées résiduelles qui ne peuvent l'être sont rejetées dans l'espace, où le vent solaire les emporte au loin.

Les grandes productions mécaniques sont les centrales électriques, dont l'énergie est maintenant moins destinée à la Terre qu'à *Lagrangia*, les vaisseaux spatiaux et surtout les bicylindres. Ceux-ci sont produits en série, avec des délais de l'ordre de deux ans environ. L'aménagement des cylindres résidentiels est conçu par des architectes paysagistes ; ceux-ci reproduisent souvent des paysages de la Terre, tels que la baie de San Francisco ou les collines de haute-Provence. Les architectes s'appuient pour les éléments techniques sur des systèmes de conception assistée par ordinateur performants. De tels systèmes sont dans toute l'industrie les excellents serviteurs des ingénieurs.

Le commerce

Des îles sont établies dans la ceinture d'astéroïdes. On y supervise le débitage robotisé des matériaux, et leur envoi vers *Lagrangia* par des trains de barges. Ces trains sont lancés par des remorqueurs propulsés par catapulte électromagnétique, qui se détachent des barges lorsque leur vitesse est suffisante et reviennent à leur base astéroïdienne. D'autres remorqueurs venus de *Lagrangia* les accueillent à proximité de celle-ci et les freinent.

Le commerce entre les îles de *Lagrangia* est intense ; il croît constamment alors que le commerce avec la Terre décroît. On envoie à celle-ci surtout des matières premières et certains produits manufacturés dans les conteneurs déjà décrits. On en reçoit des productions légères spécialisées, telles que des ordinateurs très performants, ou des produits de génie génétique (semences, médicaments...).

Les services, la société

Nous avons beaucoup parlé des transports. Ils sont notamment utilisés pour des échanges touristiques importants, tant entre les îles qu'avec la Terre.

La banque, l'assurance prennent des formes que les Terriens de l'an 2000 auraient eu peine à prévoir. Il en est ainsi des services publics, liés à des types d'organisation sociale qu'il nous paraît hasardeux de décrire. Quelle que soit cette organisation, les tensions sociales, et les conflits personnels, inévitables, sont très réduits pour les raisons suivantes :

— les revenus les plus bas sont importants. Personne ne craint de manquer d'un certain bien-être, pour lui ou pour ses proches ;

— les personnalités sont généralement équilibrées. Sportif, physiquement sain, le Lagrangien n'est pas l'esclave de ses émotions : les techniques de relaxation et de maîtrise de soi, telles que le yoga ou le training autogène, sont enseignées dès l'enfance ;

— les facultés intellectuelles innées de chacun sont développées au mieux, par une pédagogie efficace et une formation intellectuelle permanente. Cultivés et capables de réflexion dans leur ensemble, les Lagrangiens ont des comportements avisés.

Aussi le Lagrangien peut-il goûter en compagnie de la plupart de ses semblables le charme des feuilles mortes ou mieux celui des marronniers en fleurs. Nous inclinerions à penser qu'il est apte à vivre dans une démocratie décentralisée.

Une remarque

Les descriptions de l'existence à *Lagrangia* qui précèdent peuvent paraître à certains par trop idylliques. Nous les croyons tout à fait plausibles et renvoyons pour une discussion détaillée des risques encourus par les Lagrangiens à l'ouvrage de G. O'Neill déjà cité, *les Villes de l'espace* (chapitre : « Risques et périls »).

O'Neill montre que les risques encourus par les habitants du fait de l'impact d'une grosse météorite peuvent être rendus infimes ; qu'il est facile de protéger l'intérieur des îles contre les radiations venues de l'espace ; que les dangers d'incendie dus à la haute teneur en oxygène de l'atmosphère doivent pouvoir être amenés à des limites acceptables ; enfin que les risques de guerre sont beaucoup plus faibles que sur Terre, ne serait-ce que parce que le problème de l'espace vital ne se pose pas.

La Terre et ses colonies après 2200

Revenons maintenant aux habitants de la Terre. Nous pensons qu'en l'an 2200 ils seront entrés dans la « civilisation de l'hydrogène ». Leur nombre décroîtra, et ils connaîtront un niveau de vie convenable. Mais ce niveau sera très inférieur à celui des colonies ; il en résultera une émigration vers *Lagrangia*, relativement proche de la Terre. De même, les personnes habitant *Lagrangia* depuis plusieurs générations, moins reliées affectivement à la Terre, émigreront vers la ceinture d'astéroïdes où le niveau matériel et surtout culturel d'existence sera supérieur. Expliquons-nous.

La « civilisation de l'hydrogène »

Le premier choc pétrolier de 1973 a intensifié les recherches sur ce que pourrait être une économie de l'énergie basée sur l'électricité bien sûr, mais aussi sur l'hydrogène. Celui-ci remplacerait dans leurs usages énergétiques le pétrole et le charbon, qui seraient réservés à la chimie. L'hydrogène proviendrait de l'électrolyse de l'eau et serait transporté, à l'état liquide ou gazeux, un peu comme l'est le gaz naturel aujourd'hui. Dès maintenant, les résultats de ces recherches nous paraissent convaincants ; ils seront, croyons-nous, largement appliqués avant 2200 et bien au-delà. Les cuves d'électrolyse de l'eau seront alimentées par l'électricité provenant des stations solaires orbitales et terrestres, ou à la rigueur de centrales à fusion nucléaire. Dans les fours de métallurgie, de chimie ou de cimenterie, pour le chauffage des bâtiments, l'hydrogène remplacera le fioul. Dans les moteurs Diesel propulsant les navires ou les locomotives, il se substituera au mazout et au gas-oil. Dans les automobiles, il supplantera l'essence, dans les avions, le kérosène.

Le produit de la combustion de l'hydrogène étant de la vapeur d'eau, la pollution de l'air deviendra insignifiante. Le charbon et les produits pétroliers n'étant plus brûlés en masse, les quantités de gaz carbonique envoyées dans l'atmosphère par leur combustion seront très réduites et ne provoqueront plus l'effet de serre tant redouté actuellement, nous l'avons vu.

Toute cause de pollution n'aura cependant pas disparu et il faudra dépenser des sommes importantes pour dépolluer par exemple les industries chimiques et traiter les effluents domestiques. Les biotechnologies allégeront probablement un peu ce fardeau.

Les gisements de minerais facilement accessibles et à haute teneur s'épuisant, il faudra recycler de nombreux matériaux, et traiter des minerais à teneur de plus en plus basse. Les carrières d'extraction devront être remblayées, pour supprimer de hideux terrils, et des paysages nouveaux seront façonnés sur ces remblais.

Le système solaire.
En s'éloignant du Soleil, on rencontre successivement les planètes telluriques, la ceintures d'astéroïdes et les planètes géantes. L'échelle des distances et celle des dimensions des planètes ne sont pas respectées sur ce schéma.

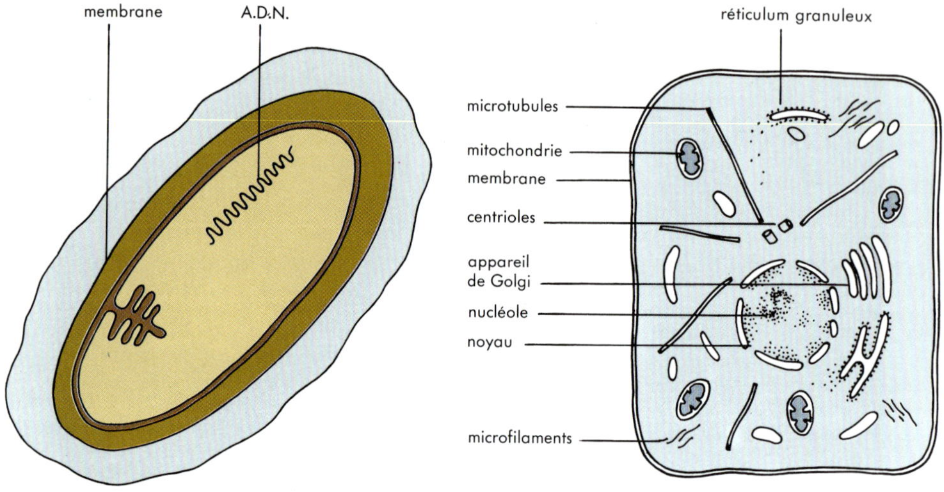

La cellule.
Tous les organismes vivants sont formés de cellules, plus ou moins complexes. Chaque cellule constitue une usine qui fabrique, sous le contrôle de son noyau, les substances nécessaires à la vie de l'organisme.

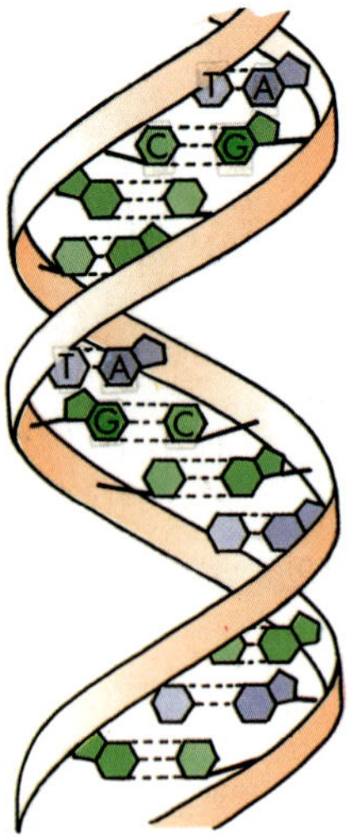

T : thymine
A : adénine
G : guanine
C : cytosine

Un fragment de la molécule d'A.D.N.
L'acide désoxyribonucléique (A.D.N.) contient l'information nécessaire au fonctionnement et à la reproduction de la cellule. Cette information est codée par la succession des bases azotées qui relient les deux longues hélices de la molécule d'A.D.N.

La convergence des formes.
L'ichtyosaure (reptile fossile), le requin (poisson) et le dauphin (mammifère) sont très éloignés dans l'évolution des espèces. Pourtant, l'adaptation à la nage rapide leur a donné des formes très similaires.

requin

ichtyosaure

dauphin

L'évolution des primates.
Contrairement à ce que l'on dit parfois, l'homme ne descend pas du singe. Celui-ci est plutôt notre cousin, d'après les paléontologues. Le chimpanzé serait notre plus proche parent.

Le monument mégalithique de Barnenez (Finistère).
C'est l'un des plus vieux monuments de pierre connus de notre planète (V^e millénaire av. J.-C.). Il comporte onze chambres débouchant sur l'extérieur par des couloirs.
(Phot. Hervé Boule, Ouest-France).

Plan axonométrique du monument de Gavrinis (Morbihan).
Comme à Barnenez, les archéologues ont pu mettre en évidence le tertre à gradins qui surmonte la chambre et le couloir de ce monument mégalithique (IVe millénaire av. J.-C.).

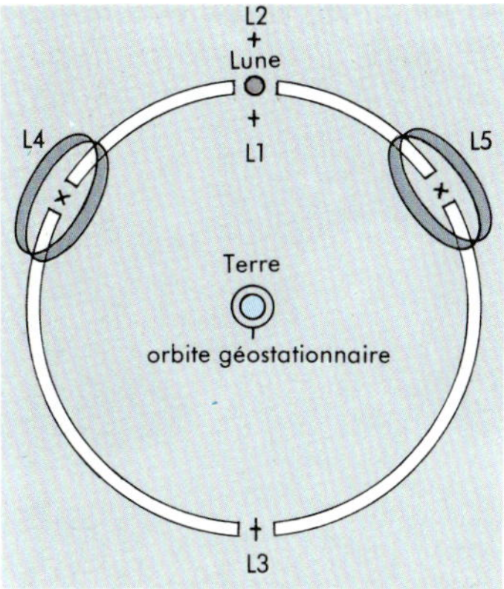

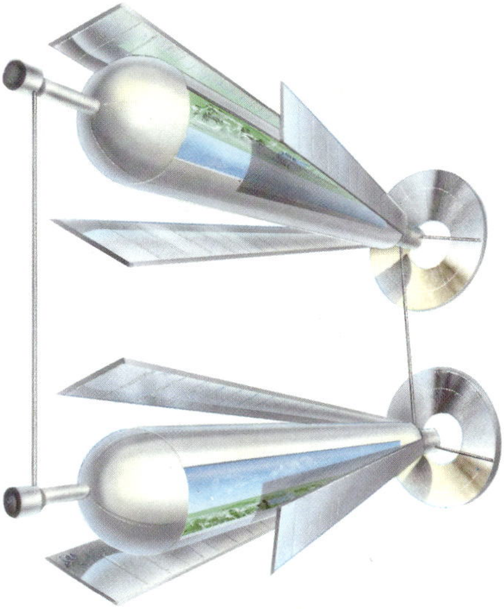

Les points de Lagrange du système Terre-Lune.
Ces points, au nombre de cinq, désignés respectivement par L1, L2, L3, L4 et L5, constituent des emplacements idéaux pour de futures colonies spatiales, car les forces centrifuges et gravitationnelles s'exerçant sur un satellite s'y équilibrent. Seuls L4 et L5, situés sur l'orbite lunaire, à égale distance de la Terre et de la Lune, représentent des positions d'équilibre stable.

Projet de colonie spatiale.
Selon G. O'Neill, les premières colonies spatiales pourraient être constituées de deux cylindres solidaires, tournant sur eux-mêmes (en sens opposés) afin de créer une pesanteur artificielle (en haut, à droite : vue d'ensemble ; ci-dessous : vue en gros plan). [Phot. NASA]

Intérieur d'un cylindre résidentiel.
Réfléchis par trois grands miroirs extérieurs orientables, les rayons solaires pénètrent par d'immenses baies vitrées dans le cylindre, où peut être ainsi recréé un environnement naturel de type terrestre avec zones vertes, arbres et rivières (Phot. NASA).

La catapulte électromagnétique.
L'absence d'atmosphère sur la Lune facilitera le lancement, avec une catapulte électromagnétique, de charges qui seront ensuite récupérées et stockées dans l'espace.

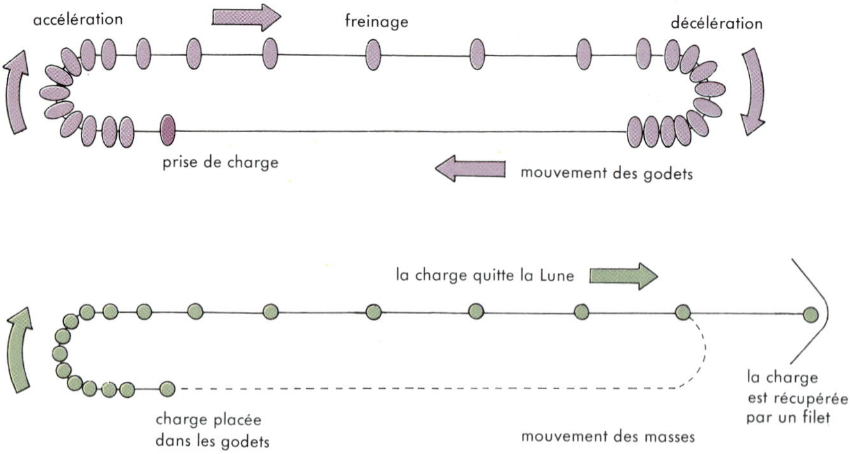

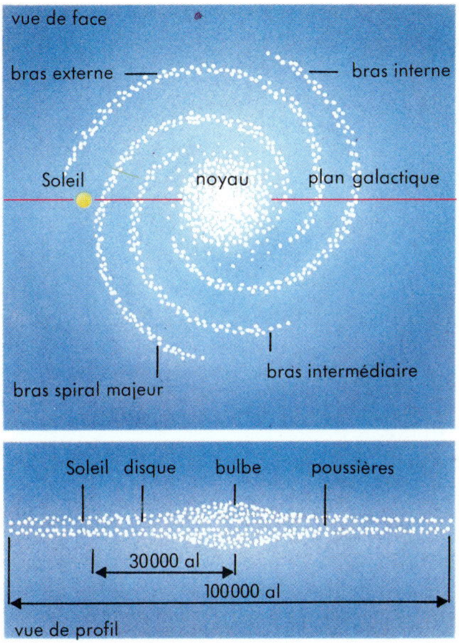

La Galaxie.
Le système solaire est inclus dans un vaste disque de 100000 années de lumière (al) de diamètre, renflé au centre, qui comprend environ 150 milliards d'étoiles, réparties essentiellement le long de bras spiraux. Le Soleil est l'une de ces étoiles ; il se trouve dans le plan médian à quelque 30000 al du centre.

Le message d'Arecibo.
Émis en 1974 à l'aide du radiotélescope d'Arecibo (Porto Rico) en direction d'un amas d'étoiles situé à 25000 années de lumière, dans la constellation d'Hercule, ce message sera peut-être capté un jour par une civilisation extraterrestre. Il comporte une succession de 1679 impulsions qui, lorsqu'on les dispose en 73 lignes de 23 colonnes (le produit 73 × 23 est l'unique décomposition en facteurs premiers de 1679), révèlent une foule d'informations, explicitées à droite.

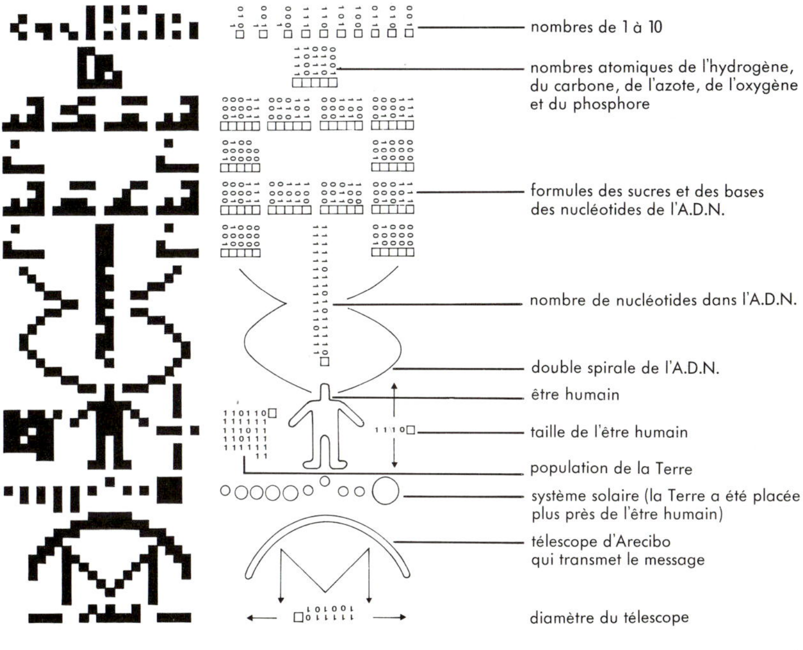

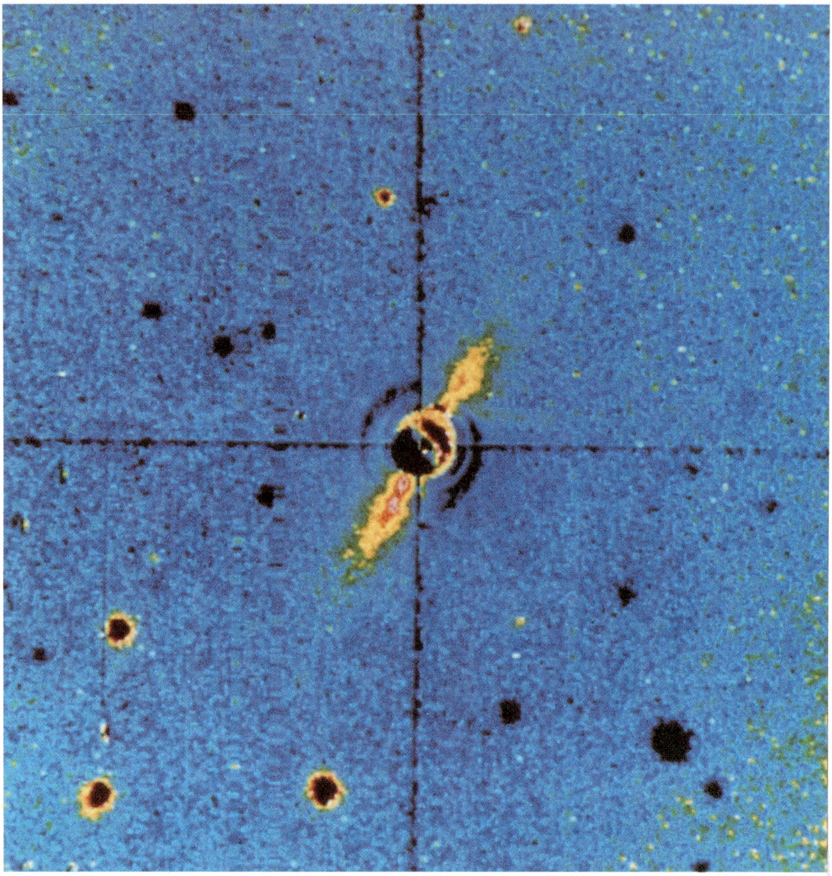

Un système planétaire en formation ?
Les astronomes tiennent peut-être enfin la première image de la formation d'un système planétaire et la preuve du caractère fréquent de l'existence de planètes. Autour de l'étoile *Bêta Pictoris*, située à quelque 50 années de lumière, on a mis en évidence depuis 1983 un grand disque de poussière, visible de profil depuis la Terre. Ses caractéristiques, qui font l'objet d'études très attentives, laissent présumer qu'il s'agit d'un système planétaire en gestation. (Phot. Astronomical Society of the Pacific).

Cela se fait déjà dans les mines de lignites rhénanes, près de Cologne, mais ce n'est pas gratuit.

Ainsi, en 2200 et dans les siècles suivants, les Terriens, selon notre scénario, ne souffriront plus de la pollution. Ils ne manqueront ni d'énergie ni de matières premières. Les progrès de l'automatisation, des nouveaux matériaux, des biotechnologies, leur assureront un certain niveau de vie. Mais dans l'ensemble ils paieront l'énergie et les matières premières plus cher que les colons de l'espace, dont le niveau de vie sera supérieur et progressera plus vite.

La démographie sur Terre

Les estimations de l'O.N.U. prévoient que la population de la Terre sera stabilisée avant 2100 au niveau de 10 milliards d'habitants environ. Notre planète, convenablement aménagée, ne sera pas trop surpeuplée. D'où vient cet optimisme nouveau, contrastant avec les sombres prévisions des années 60 et 70 ? Essentiellement de ce que depuis 1970, sans qu'on s'en rende compte initialement, le taux d'accroissement de la population mondiale a décru, passant de 2 % par an en 1970 à 1,6 % en 1986. Ce taux devrait diminuer encore, et devenir nul avant un siècle. En effet, dans tous les pays industrialisés, le taux d'accroissement naturel, hors immigration, est faible ou négatif, sans aucune contrainte étatique. Dans les pays en voie d'industrialisation, comme l'Inde ou la Chine, la démographie est souvent contenue par des mesures plus ou moins autoritaires. Ces mesures ne seront plus nécessaires lorsque le niveau de vie et surtout le degré d'éducation auront atteint un certain seuil. Progressivement, presque tous les pays atteindront le niveau culturel et matériel à partir duquel la démographie se stabilise. Un continent fera longtemps problème, c'est l'Afrique. Sa population au sud du Sahara augmente à une vitesse croissante, et son économie ne décolle pas encore. Mais le temps et les efforts des hommes feront leur œuvre. Cette analyse est basée notamment sur un article de Léon Tabah, ancien directeur de la population aux Nations unies (*le Monde,* 11 juillet 1987). Notre scénario ne peut la retenir qu'en excluant un gigantesque conflit nucléaire. Un tel conflit nous paraît heureusement peu probable, et l'effroyable régression qu'il entraînerait enlèverait l'essentiel de leur intérêt à nos vues prospectives à 25 siècles. Fermons donc cette parenthèse.

L'émigration vers l'espace

Lorsque les habitants de la Terre, au cours du IIIe millénaire, quitteront de plus en plus nombreux leur planète pour aller vivre dans des colonies spatiales, ce ne sera donc pas parce que la Terre sera peuplée et polluée à l'excès. C'est surtout parce que la vie y sera plus chère.

Nous avons dit aussi qu'elle y sera moins sûre, en évoquant les risques naturels classiques, tempêtes, éruptions volcaniques, séismes, etc. Si les séismes effroyables attendus un jour en Californie et au Japon se déclenchent après la création de *Lagrangia*, le peuplement de celle-ci en sera intensifié.

La colonisation des astéroïdes

Des Terriens de plus en plus nombreux iront donc à *Lagrangia*. De là ils pourront facilement se rendre sur Terre pour y faire du tourisme, ou revoir des parents et amis qu'ils y auraient laissés.

Les Lagrangiens de souche, eux, seront moins attachés à la planète de leurs ancêtres. Ils seront tentés par le niveau de vie supérieur qui régnera progressivement beaucoup plus loin, dans la ceinture d'astéroïdes. Les îles de cette ceinture, qui en 2200 vivront surtout du débitage des astéroïdes et de leur envoi vers *Lagrangia*, acquerront peu à peu leur autonomie économique en bénéficiant de la proximité de matériaux très bon marché. Le transport d'un morceau d'astéroïde vers une île de la ceinture demandera en effet très peu d'énergie, puisqu'on ne changera guère d'orbite.

Les archipels astéroïdiens se multiplieront donc au cours du IIIe millénaire, peuplés par des habitants qui ne se rendront sur Terre ou à *Lagrangia* qu'exceptionnellement, ne serait-ce qu'à cause du coût du voyage (la durée du trajet pourra cependant être réduite à quelques jours lorsque entreront en service les fusées à antimatière dont nous parlerons plus loin). Pour compenser l'éloignement de la Terre, on reproduira dans les îles résidentielles de la ceinture, comme à *Lagrangia,* les régions terrestres les plus agréables. Mais, dans des îles spéciales, on reproduira aussi les sites archéologiques et historiques les plus intéressants. Les dolmens de Bretagne et d'Espagne, les pyramides de Saqqarah et Gizeh, les temples grecs, les cathédrales romanes et gothiques seront reconstitués dans des « îles archéologiques » où les Astéroïdiens d'ascendance occidentale viendront méditer sur les origines de leur civilisation. Pour d'autres civilisations témoigneront le palais de Persépolis, le Taj'Mahal ou les monastères de Kyōto. Un petit archipel pourra se constituer qui sera un véritable musée des civilisations.

Les sondes vers d'autres mondes

La richesse des Astéroïdiens leur permettra de consacrer plus de moyens que les Terriens et les Lagrangiens à la culture sous toutes ses formes, et notamment à la pratique des arts et des sciences. Ils donneront à la biologie et aux sciences humaines un développement considérable. Dès lors, quoi d'étonnant à ce que, plus que d'autres, ils s'intéressent à la vie, et particulièrement à la vie intelligente dans d'autres systèmes solaires ? Les astronomes auront repéré autour d'étoiles situées à quelques années de lumière ou quelques dizaines d'années de lumière un grand nombre de planètes susceptibles d'abriter la vie. Ils auront notamment apprécié pour cela, nous l'avons vu, la masse de chacune de ces planètes, sa distance à l'étoile autour de laquelle elle gravite, et la température de cette étoile. Les Astéroïdiens enverront des sondes automatiques vers les planètes retenues.

À partir de 2200 environ, on peut en effet penser que la fusion nucléaire sera domestiquée dans des réacteurs suffisamment fiables pour fonctionner sans surveillance humaine pendant des siècles dans des vaisseaux spatiaux. Les projets de fusées stellaires actuellement conçus autour de ces réacteurs pourront alors être réalisés ; ils seront bien entendu améliorés, mais certains projets actuels sont solides. André Lebeau évoque en particulier le projet *Daedalus* de véhicule stellaire habité publié en 1978 par la British

Interplanetary Society. Il mentionne que l'équipe de projet « regroupait une douzaine d'ingénieurs de haut niveau relevant pour la plupart de l'industrie aérospatiale britannique ». Ces ingénieurs ont consacré leurs loisirs durant cinq ans à concevoir un véhicule capable d'aller visiter l'étoile de Barnard, à 6 années de lumière, susceptible d'être entourée de planètes.

Utilisant comme matériau d'éjection de l'hydrogène chauffé par le réacteur de fusion, une sonde automatique atteindra quelques pour cent de la vitesse de la lumière. Elle se rendra dans un système solaire intéressant, ralentira à son approche, et explorera successivement les différentes planètes jugées prometteuses. Pour cela, elle se mettra en orbite autour de chacune d'elles, analysera son atmosphère et photographiera son sol. Les données seront analysées par des systèmes experts qui pourront décider de l'envoi à proximité du sol de modules d'atterrissage automatiques analogues à ceux utilisés pour Mars, ou beaucoup plus élaborés. Ces modules photographieront de près la faune et la flore. Ils pourront éventuellement se poser, pour prélever et analyser le sol et la végétation.

Toutes les données d'observation seront transmises au système solaire. Un vaisseau parti en 2200 et atteignant 3 % de la vitesse de la lumière arrivera quelque 340 ans plus tard à une étoile située à 10 années de lumière. Les informations en provenance de cette étoile parviendront aux Astéroïdiens vers 2550.

Des vaisseaux seront lancés régulièrement à partir de 2200 pour explorer les planètes intéressantes dans un rayon de quelque 25 années de lumière. Vers la fin du IIIe millénaire on aura analysé les données relatives à quelques dizaines de planètes ; on disposera alors de suffisamment d'informations pour décider de l'envoi d'une importante expédition humaine, forte de plusieurs dizaines de milliers de volontaires, vers un autre système solaire. Cette aventure fait l'objet des pages qui suivent.

L'implantation dans d'autres systèmes solaires

Nous sommes dans la ceinture d'astéroïdes en l'an 2990. Différentes sociétés y coexistent ; chacune a ses mœurs et ses croyances dominantes, ainsi que ses institutions. Mais toutes, ou presque, collaborent depuis des siècles à l'étude scientifique des photos, des films et des collections de mesures envoyées par les sondes stellaires. L'accord vient de se faire sur l'envoi d'une expédition dans le système planétaire d'une étoile A située à 15 années de lumière. A est en effet l'étoile la plus proche possédant à la fois une ceinture d'astéroïdes et, sur une de ses planètes, un peuplement d'humanoïdes.

Ceux-ci sont plus petits que nous, leur taille avoisinant un mètre. La raison en est probablement la forte gravité de la planète, dont le rayon est moitié plus grand que celui de la terre. La planète est baptisée Pali, car ses habitants vivent comme vivaient les Terriens au paléolithique inférieur, il y a 400 000 ans : ils connaissent l'usage du feu, et vivent de chasse et de cueillette, sans qu'on découvre la moindre trace d'agriculture ou d'élevage. Ils savent se vêtir de peaux de bêtes, et construire des cabanes.

La ceinture d'astéroïdes ressemble à la nôtre. On y trouve des matériaux variés accessibles en abondance. Une civilisation spatiale pourra s'y développer, et de là envoyer des missions sur Pali.

Pourquoi ne pas s'implanter sur Pali, dans un des continents qui apparaît inhabité ? La raison n'est pas uniquement la forte gravité régnant sur Pali. Les Astéroïdiens connaissent la supériorité de la vie spatiale dans des domaines essentiels : niveau de vie et de sécurité, facilités de communications et d'expansion territoriale. Ils n'iront pas s'exposer durablement aux séismes, non plus qu'aux ouragans et autres intempéries d'une planète.

Les voyageurs stellaires

En l'an 3000, tout est prêt pour l'envoi d'une flottille d'arches spatiales à destination du nouveau monde. Chacune des 10 arches est prévue pour 10000 habitants, mais n'en abritera au départ que 3000. Elle pourra ainsi recueillir les habitants d'une autre arche si celle-ci se trouvait victime d'une avarie majeure. De par cette sujétion, chaque arche contient de grands espaces consacrés à des paysages naturels, sur lesquels on pourra si nécessaire construire.

Il eût été vain d'estimer en 1990 le poids d'une arche. La coque, par exemple, qui constitue sa structure maîtresse, est faite d'un matériau beaucoup plus léger et résistant que ceux connus mille ans. À l'intérieur de cette coque cylindrique, une couche de rochers et de terre végétale assure la protection contre les rayons cosmiques. Autour du bicylindre constitué par deux arches tournant en sens inverse sur leurs axes, et liés à lui, d'énormes réservoirs contiennent plusieurs fois son poids d'eau.

Cette eau est le fluide qui permettra d'accélérer le bicylindre jusqu'au dixième de la vitesse de la lumière (c/10), puis en fin de voyage de le décélérer pour lui permettre de s'insérer dans la ceinture d'astéroïdes de l'étoile A.

Par réaction avec de l'antimatière, l'eau sera chauffée à haute température et transformée en un plasma, c'est-à-dire un mélange gazeux d'électrons, et d'atomes et molécules ayant perdu ces électrons. Canalisé par des champs magnétiques comme par une tuyère invisible, ce plasma s'éjectera à grande vitesse en assurant par réaction la propulsion du bicyclindre.

Nous traiterons plus en détail de la propulsion par antimatière au chapitre 8 ; mais nous devons noter ici qu'en 1988 cette technique ne relevait déjà plus de la science-fiction. Dans la revue *Aviation Week and Space Technology* du 21 mars 1988, le colonel Ross Nunn, chef du laboratoire d'astronautique de l'armée de l'air américaine, l'affirmait clairement ; la revue précisait que les programmes de recherche menés sous les auspices de cette armée ont conduit les responsables à penser que des moteurs à antiprotons pourraient être utilisés au début du XXIe siècle.

Revenons à l'an 3000. Avec une vitesse de croisière de c/10, il faudra quelque 150 ans pour aller de la banlieue solaire à l'étoile A. Or la longévité humaine en l'an 3000, selon notre scénario prudent, n'a guère dépassé les 120 ans que constatait, quatre millénaires auparavant, le texte biblique de la Genèse. D'immenses progrès ont été faits pour permettre, à grands frais, de garder intactes jusqu'à 100 ans passés la vigueur et la beauté de la jeunesse ; mais les 10 dernières années de la vie constituent un déclin. Les voyageurs stellaires ne vivront donc pas assez longtemps pour voir le terme du voyage. On ne peut songer à prolonger artificiellement leur vie par hibernation. Cette technique, dont nous parlerons au chapitre 8, n'est pas encore au point en l'an 3000. (Notre scénario est vraiment très prudent !)

Il faut donc admettre que la planète Pali ne sera pas visitée par les voyageurs ayant embarqué dans les arches, mais pas leurs descendants. Il y a là un élément de frustration, qui s'ajoute à d'autres : le soleil brillant dans chaque arche est un soleil artificiel, et un contrôle rigoureux des naissances s'impose. Certes, la vie dans une communauté de quelque 30000 personnes sélectionnées pour leurs éminentes qualités dans des domaines variés n'est pas une vie désagréable. Mais d'autres arguments ont été nécessaires pour motiver la première génération de voyageurs, tous volontaires bien entendu. On a fait appel d'abord à leurs sentiments généreux : l'exploration de Pali aura pour leurs descendants, et pour les Astéroïdiens du futur, une valeur culturelle inestimable. Puis on leur a montré l'intérêt scientifique du voyage lui-même, pour eux et pour les Astéroïdiens. Enfin, ces derniers ont témoigné l'intérêt qu'ils portent à l'expédition en dotant la flottille de ressources rares et extrêmement coûteuses. Les voyageurs disposent donc de matériels scientifiques ultra-perfectionnés, comme l'étaient en 1990 les calculateurs Cray 2 et les lasers de fusion nucléaire. Ils possèdent également des moyens médicaux de pointe, et notamment les coûteux appareils et produits permettant de rester jeune le plus longtemps possible. Et les trésors artistiques disponibles dans les arches sont considérables.

La première génération part donc dans l'enthousiasme, encouragée en permanence par les Astéroïdiens restés chez eux, avec qui les arches seront en liaison laser. Les générations suivantes conserveront cette liaison laser. Nées dans la flottille, elles ne s'attarderont pas en vains regrets de la patrie de leurs aïeux, mais songeront à la société présente et à l'avenir de leurs descendants.

La planète paléolithique

En 3155 la flottille arrive à destination. Une reconnaissance détaillée de la ceinture d'astéroïdes est entreprise, et un plan de création d'archipel dans cette ceinture est établi : il n'y a plus de raison de se soumettre à un contrôle démographique strict.

Le premier bicyclindre construit comporte une arche résidentielle classique et une arche dite « de simulation ». C'est dans cette arche que l'on recréera la gravité et l'atmosphère de Pali, puis progressivement ses terrains, sa faune et sa flore. C'est là que l'on simulera les débarquements sur Pali. Un des buts de ces débarquements sera d'ailleurs de ramener des échantillons de minéraux, animaux et végétaux pour enrichir l'arche de simulation, et procéder en quelque sorte à une étude en laboratoire de Pali.

La distance entre Pali et l'archipel astéroïdien gravitant autour de l'étoile A est comparable à celle entre la Terre et la ceinture d'astéroïdes solaire. Mais le voyage ne dure pas de nombreux mois : grâce à la construction d'une usine d'antimatière qui fournit en antiprotons les paquebots-fusées, le trajet prend quelques jours.

Les paquebots partis de l'archipel s'approchent de Pali et se stabilisent au-dessus d'un point de son équateur, en orbite géostationnaire. De là, ils lancent des modules d'exploration vers le sol de Pali, pilotés ou télécommandés.

Les modules à propulsion MHD

Le cahier des charges de ces modules a été établi bien avant l'an 3000, afin que des prototypes puissent être essayés sur Terre et sur Mars. Il est pour l'essentiel le suivant : les modules doivent pouvoir pénétrer dans l'atmosphère de Pali, ou s'en extraire, à des vitesses hypersoniques sans échauffement excessif. Ils doivent pouvoir, comme des hélicoptères, stationner au-dessus du sol pour en faciliter l'observation. Enfin, afin de ne pas effrayer les animaux et les humanoïdes que l'on veut observer, ils doivent être silencieux.

Cette dernière spécification est très contraignante. Elle exclut les hélices, les moteurs à réaction ou les fusées. Elle impose de ne pas créer d'onde de choc aux vitesses supersoniques, et même de ne créer aucun sillage. Même à des vitesses moyennes, le sillage d'un aéronef est en effet source de bruit.

Dans les années 1970 et 1980, des aéronefs ont été conçus, du moins dans leurs principes, qui répondent à toutes ces exigences. Ils sont surtout l'œuvre du physicien J.P. Petit, directeur de recherche au C.N.R.S., qui en a traité dans plusieurs communications scientifiques, dans une bande dessinée *(le Mur du silence)* et en 1988 dans la revue *Techniques avancées*. Ils exigent un générateur d'électricité compact et puissant que l'époque ne permettait pas de détailler, mais qui, en l'an 3000, ne pose pas de problème majeur.

Le générateur crée des courants électriques dans l'air environnant l'aéronef, ainsi qu'un champ magnétique. Le champ agit sur les courants selon la loi classique de Laplace, et met l'air en mouvement. L'air est aspiré devant l'appareil et chassé derrière lui, comme dans un hélicoptère. La propulsion est dite MHD (magnétohydrodynamique). Il ne se crée pas d'onde de choc, donc pas de bang ni d'échauffement violent aux vitesses supersoniques. Il ne se forme pas non plus de sillage. L'engin est donc silencieux et peut passer très rapidement de l'état stationnaire à une vitesse supersonique.

Les calculs de J.P. Petit montrent que l'aéronef peut avoir une forme cylindrique ou sphérique, mais que le rendement optimal est obtenu pour une forme discoïdale. L'aéronef peut avoir alors l'apparence de deux soucoupes réunies par leur plus grand diamètre.

Certes, l'aéronef de J.P. Petit n'a pas encore volé, même à l'état de maquette, mais, compte tenu des calculs et essais préliminaires déjà effectués, nous parions ici sur son succès.

Les débarquements sur Pali

L'équipage d'un aéronef MHD se compose d'une dizaine d'hommes et de femmes, vêtus de combinaisons thermostatées. Le chauffage ou le refroidissement électriques, à partir de piles compactes, de ces combinaisons, permettent de débarquer sur Pali sans être gêné par son climat. L'équipage a subi préalablement un entraînement athlétique intensif pour s'accommoder de la forte pesanteur régnant sur Pali. Ses défenses immunitaires générales ont été renforcées, par injection d'interféron et d'interleukine en particulier. Progressivement, on apprend à lui administrer des vaccins contre les principaux microbes sévissant dans les régions qu'il visite. Des examens médicaux serrés des équipages sont effectués avant et après les missions. Lorsqu'un membre de l'équipage présente avant une mission des défenses immunitaires insuffisantes, il doit se munir pour le débarquement d'un scaphandre, alimenté en air pur à partir d'un réservoir porté sur le dos.

Quelles sont les missions des équipages de débarquement ? L'une, nous l'avons vu, est de recueillir pierres, plantes et animaux destinés à l'arche de simulation. Une autre est d'étudier les caractéristiques et les mœurs des humanoïdes. Ultérieurement, des travaux de paléontologie permettront de reconstituer l'évolution de Pali et de vérifier la pertinence des théories évolutionnistes élaborées au cours des siècles précédents. Beaucoup d'autres missions sont possibles, nous ne les détaillerons pas.

Un problème de sécurité se pose. Comment empêcher animaux dangereux et humanoïdes de s'approcher des membres de l'expédition, ou de son aéronef ? Il ne peut être question de leur lancer des fléchettes enduites d'un produit les neutralisant temporairement, comme cela s'est fait sur Terre dans certaines réserves d'animaux.

La solution a été exprimée dès 1988. C'est l'arme à micro-ondes pulsées. Chacun sait ce que sont des micro-ondes. Elles ne sont pas utilisées dans cette arme pour chauffer les chairs à distance. Elles sont émises par bouffées brèves, les pulses. Sous certaines conditions, ces pulses sont susceptibles de neutraliser temporairement des êtres vivants, en agissant sur leur système nerveux. L'indication en a été donnée dans un article de la revue *IEEE Spectrum* de mai 1988 qui fait état de recherches militaires en ce domaine. Le pistolet à micro-ondes pulsées serait une arme particulièrement écologique, puisque ne laissant pratiquement pas de traces durables de son action.

Les missions sur Pali n'ont pas qu'un intérêt scientifique ou esthétique. Les plantes et les animaux recueillis sur la planète peuvent enrichir la faune et la flore de l'archipel, voire les améliorer par génie génétique. Notre scénario suppose ici que les bases moléculaires de la vie sont les mêmes sur Pali et sur la Terre, ce qui, nous l'avons vu au chapitre 3, est assez plausible.

Toutes les données des expéditions donnent lieu à des documents filmés et à des rapports qui sont transmis par laser aux habitants du système solaire, les faisant bénéficier, au bout de quelque 200 ans, de l'effort consenti par leurs aïeux pour l'envoi de la flottille.

La planète néolithique

En l'an 3400, quelque 250 ans après leur arrivée dans la ceinture d'astéroïdes de l'étoile A, les humains sont très nombreux dans les archipels qu'ils y ont construits, et leur richesse est grande. Comme l'avaient fait leurs ancêtres astéroïdiens dix siècles auparavant, ils commencent à lancer régulièrement des sondes stellaires. Mais ces sondes sont plus rapides que celles de leurs aïeux : propulsées par de l'antimatière, elles atteignent le dixième de la vitesse de lumière. Elles explorent progressivement un rayon de 40 années de la lumière, à la recherche d'êtres pensants plus évolués que ceux de Pali.

En l'an 4300, le dépouillement des données des sondes amène à décider de l'envoi d'une expédition vers une étoile X, située à 30 années de lumière. Celle-ci possède une ceinture d'astéroïdes et une planète d'une grande beauté où vivent des humanoïdes dont beaucoup sont au stade néolithique : les champs cultivés et les enclos d'élevage sont clairement visibles, mais il n'y a nulle indication de l'emploi de métaux, cuivre excepté par endroits.

Groupées en villages, les maisons sont bâties en briques ou en pierres. Dans les pays de forêt, elles ont une structure complexe : charpente en bois liée par des cordes, murs d'argile mélangée de paille, toits de chaume. Dans certaines régions, les satellites d'observation mis en place par les sondes décèlent des monuments mégalithiques, immenses tertres à gradins, de pierres ou de terre ; ces tertres recouvrent des couloirs et des salles dont parois et plafonds sont faits de pierres gigantesques, comme le montrent les photos de monuments en cours de construction. Sur de vastes territoires, les habitants sont encore au stade paléolithique, vivant de chasse et de cueillette. La situation évoque celle de la Terre vers 4000 av. J.-C., époque de forte pénétration de la civilisation néolithique. La planète est donc baptisée Néol. Elle est plus petite que la Terre, et la gravité y est moindre. Les habitants sont grands, mesurant couramment 2,5 à 3 m. La flottille qui met le cap sur Néol en 4310 franchira les 30 années de lumière en 160 ans. C'est que la technique permet maintenant de voyager au cinquième de la vitesse de la lumière.

Les débarquements sur Néol

20 ans après leur arrivée dans la ceinture d'astéroïdes de l'étoile X, soit en l'an 4490, 25 siècles après la parution de ce livre, les humains débarquent sur Néol. Les moyens techniques mis en jeu sont analogues à ceux utilisés auparavant sur Pali : fusées-paquebots, aéronefs MHD, téléguidés ou pilotés, combinaisons thermostatées, scaphandres éventuellement, pistolets à micro-ondes. Mais les relations avec les Néoliens posent un problème nouveau : les Paliens, semi-nomades, ne possédaient qu'un langage rudimentaire, et l'on ne pouvait envisager avec eux que les contacts relativement superficiels qu'ont les Terriens avec les chimpanzés ou les dauphins. Les Néoliens, du moins les plus civilisés d'entre eux, sont différents. Ils mènent des activités diversifiées dans les villages importants : certains sont potiers, d'autres exploitent des mines de silex ; des tisserands fabriquent d'élégants vêtements ornés de motifs colorés. Les premières missions d'exploration, très discrètes, ont permis d'enregistrer leur langage : le vocabulaire en est riche et la syntaxe évoluée. Bref, il n'y a pas de raison de supposer que leur intelligence soit inférieure à celle de leurs visiteurs. La tentation est donc

grande de nouer avec eux des relations et de les aider à progresser dans la civilisation. Mais cette tentation doit être réfrénée avec vigueur. L'écart entre les humains et les Néoliens est trop important. Tout contact suivi entre eux aboutirait à faire des Néoliens les admirateurs béats, voire les adorateurs des humains. Ils chercheraient à les imiter et à recevoir leur enseignement dans tous les domaines, technique, scientifique, artistique en particulier. Devenus de simples disciples, des écoliers appliqués, ils perdraient le goût de la recherche autonome et leur capacité de création. Leur personnalité serait très amoindrie par le « choc culturel ».

Les humains s'imposent donc comme une règle absolue de ne pas avoir de contacts manifestes avec les Néoliens. Seuls des contacts isolés et brefs, motivés par la nécessité d'étudier de près les réactions des Néoliens, seront tolérés. Cette règle est sans doute justifiée par des raisons éthiques. Il ne faut pas dégrader des populations entières. Mais elle découle aussi d'un motif simple : les humains ont consenti de gros efforts pour venir étudier une civilisation naissante. Il serait absurde qu'ils perturbent gravement l'objet même de leur étude. Les Néoliens ne seront donc affectés que par des rumeurs, dont la teneur est la suivante : des gens disent avoir vu dans le ciel des disques brillants, ou des sphères, ou des cylindres, se déplaçant à vive allure. D'autres prétendent que ces objets ont plané, immobiles au-dessus du sol, à quelque distance d'eux. D'autres encore que les disques brillants se sont posés au sol : de petits êtres en sont sortis, vêtus de combinaisons, parfois casqués, et ont ramassé des cailloux, des plantes et des animaux ; lorsque les Néoliens ont voulu s'approcher, ils ont vu les petits êtres braquer sur eux une sorte de baguette, et ils se sont sentis incapables de bouger pendant un long moment.

Épilogue : quelques millénaires après

Surveillés discrètement par les humains, les Néoliens évoluent. Âge de bronze, âge du fer, naissance de l'industrie, essor des techniques avancées se succèdent au fil des siècles. Au bout de quelques millénaires, les Néoliens ont domestiqué l'énergie nucléaire et lancent leurs premières fusées. La conquête de l'espace est proche. Un souci apparaît alors chez les humains. Tôt ou tard, les Néoliens s'intéresseront à la ceinture d'astéroïdes et risqueront de bouleverser les plans d'expansion des humains dans cette région. Il convient donc de leur faire savoir progressivement que les humains existent, et qu'ils accepteront des implantations néoliennes dans la ceinture, mais sous certaines conditions. Il doit devenir clair que les humains sont capables, si nécessaire, de faire respecter ces conditions par la force. Un plan d'information des Néoliens est donc mis en place. Il n'est pas question de faire à un large public des révélations massives. Elles provoqueraient le choc culturel qu'il est encore nécessaire d'éviter. Les humains se manifesteront donc toujours de façon ponctuelle, pour que peu à peu l'idée de leur existence, de leur absence de malveillance, mais aussi de leur force, s'implante avec vigueur chez une élite néolienne. Les démonstrations en vol et les atterrissages isolés s'intensifient donc. Mais, pour faire comprendre peu à peu leur force, les pilotes humains poursuivent des avions néoliens, jouent avec eux au chat et à la souris, voire neutralisent temporairement leurs commandes par émission de micro-ondes pulsées dans leur direction. Les Néoliens cherchent à comprendre. Ils rassemblent, critiquent et comparent les données d'observation. Ils cherchent à modéliser les phénomènes bien établis, et sont encouragés dans cette voie par les retombées de leur recherche (MHD, armes à micro-ondes, etc.). Progressivement, ils comprennent. Et il sera possible un jour de faire savoir discrètement à leurs principaux gouvernants, par communication radio par exemple, que les plans de conquête de la ceinture d'astéroïdes doivent obéir à certaines règles. Pour authentifier la communication, on y annoncera pour une date précise, au-dessus d'un lieu désertique déterminé, un ballet d'OVNIS.

CHAPITRE 6

Les OVNIS

« Plus lourd que l'air ne volera jamais ».

S. Newcomb, astronome américain (1835-1909)

Disons-le d'entrée de jeu : nous ne connaissons pas de preuve scientifiquement incontestable de l'évolution dans notre atmosphère de vaisseaux d'origine extraterrestre. Cependant, un large public attribue à de tels vaisseaux les manifestations du phénomène OVNI. Citons deux des plus connues de ces manifestations : les témoins rapportent avoir vu dans le ciel des objets d'apparence métallique, généralement lenticulaires ou sphériques, parfois cylindriques, évoluant pratiquement sans bruit en vol tantôt stationnaire, tantôt rapide et même hypersonique, avec des accélérations foudroyantes. Ils disent parfois avoir été paralysés momentanément lorsqu'un humanoïde, à proximité d'un de ces objets posé au sol, a braqué sur eux une sorte de pistolet.

Des groupements privés ont étudié les témoignages de phénomènes aérospatiaux non identifiés par les témoins, avec des méthodes d'inégale valeur. Certains groupements ont fait appel à des experts de disciplines variées (physique, astronomie, psychologie, etc.) et ont mené des enquêtes sérieuses sur des observations étranges émanant de témoins crédibles. Ils ont dégagé peu à peu des méthodes d'enquête, d'interrogation des témoins et d'analyse des traces observées sur les lieux d'atterrissage allégués (modifications du sol ou de la végétation). Ils ont progressivement dressé des listes de phénomènes naturels ou d'objets construits par l'homme que les témoins peuvent ne pas identifier et juger étranges : la planète Vénus, des ballons-sondes métallisés, des satellites ou des corps de fusée rentrant dans l'atmosphère, des météorites, la réflexion de phares de voiture sur des nuages, etc.). Ils ont déjoué quelques canulars. Et, finalement, ils ont mis en valeur des cas où les phénomènes observés avec un grand luxe de détails par des témoins crédibles n'ont pu être identifiés par les experts des groupements à des phénomènes connus d'eux. Malheureusement, les quelques études sérieuses effectuées voisinent avec nombre d'autres très contestables, réalisées par des amateurs peu qualifiés. Et des interprétations hâtives ont été trop souvent formulées dans les publications des groupements privés. Nous nous attacherons donc ici surtout à présenter les études menées par des organismes officiels dans trois pays, les États-Unis, l'U.R.S.S. et la France. Nous terminerons en évoquant les principales interprétations proposées pour les phénomènes aérospatiaux non identifiés.

Les études officielles aux États-Unis

De 1948 à 1969, c'est l'armée de l'air qui a été chargée officiellement aux États-Unis de l'étude des OVNIS. En 1969, à la suite de l'évaluation universitaire du problème, faite par la commission Condon, elle a cessé officiellement toute activité dans ce domaine. Nous montrerons qu'elle a en fait continué d'y œuvrer. Pour la période 1947-1969, nous nous baserons sur l'historique présenté dans son rapport par le Dr Condon. Nous utiliserons également une analyse effectuée en 1976 par Marcia S. Smith, du service de recherches du Congrès américain, et intitulée *l'Énigme des OVNIS*. Ce document nous aidera à évoquer les réactions des scientifiques au rapport Condon.

Le projet Blue Book et le rapport Condon

Le phénomène OVNI a attiré l'attention de la presse mondiale lorsqu'un pilote privé, K. Arnold, réputé compétent et sérieux, a rapporté une observation qu'il avait faite le 24 juin 1947 près du mont Rainier, dans l'État de Washington. Arnold, pilotant son avion, a aperçu neuf disques volant en formation et se déplaçant « comme des soucoupes ricochant sur l'eau ». La saga des soucoupes volantes commençait.

La lettre du général Twining

En cet été 1947, l'observation d'Arnold n'était pas isolée, puisqu'en septembre le général Twining, commandant le matériel de l'armée de l'air, fit à l'état-major de cette armée un rapport secret sur les observations de « disques volants ». Relevons dans ce rapport les opinions suivantes :

— le phénomène signalé est quelque chose de réel, et non le fruit de visions ou de l'imagination ;

— il existe des objets ayant probablement à peu près la forme d'un disque, et paraissant aussi grands que des avions ;

— il est possible que certaines des observations correspondent à des phénomènes naturels, tels que des météores ;

— les caractéristiques de fonctionnement signalées, comme des vitesses ascensionnelles très élevées, la maniabilité (particulièrement en roulis), et des manœuvres d'évasion lorsque les objets sont aperçus ou contactés par des appareils et radars amis, amènent à juger possible que certains de ces objets soient commandés manuellement ou automatiquement à distance ;

— la description apparemment commune des objets est la suivante : surface métallique, ou du moins réfléchissant la lumière ; forme circulaire ou elliptique, avec fond plat et partie supérieure en forme de dôme ; volant parfois en formation de trois à neuf objets ; volant normalement sans bruit, sauf en trois cas où un grondement sourd a été noté.

On voit que nombre des caractéristiques désormais classiques des « soucoupes volantes » étaient décrites dans le rapport Twining. À la fin de sa lettre, le général Twining demandait que des directives lui soient données pour la poursuite de l'étude.

Le lancement des études officielles

Le 30 décembre 1947, l'état-major de l'armée de l'air ordonna au commandement du matériel de lancer une étude « sur les observations et les phénomènes dans l'atmosphère que l'on peut juger susceptibles de mettre en cause la sécurité nationale ».

L'étude officielle des « disques volants » était née. Elle reçut successivement différents noms de code. Nous retiendrons le dernier, le plus connu, soit *Blue Book* (Livre bleu).

Une crainte du gouvernement américain était que les OVNIS soient des engins secrets essayés par l'U.R.S.S. en prévision d'une autre guerre. Mais certains officiers de l'armée de l'air pensaient que les OVNIS étaient d'origine extraterrestre. D'autres encore jugeaient que les rapports correspondaient soit à des mystifications, soit à des erreurs d'identification de phénomènes connus. Le projet Blue Book examina ces diverses hypothèses. Il devait progressivement privilégier fortement la dernière.

Le déroulement de Blue Book

Le projet établit assez vite que les objets évoluant curieusement dans l'atmosphère n'étaient pas tous des disques. Des objets en forme de cigare ou de sphère, et des boules de feu évoluaient de façon analogue.

Blue Book chargea un astronome, le Dr Hynek, d'évaluer dans quelle mesure les observations pouvaient correspondre à des phénomènes astronomiques (météores, planètes, etc.). Beaucoup de témoignages furent ainsi expliqués. Plus généralement, la grande majorité des observations furent rapportées à des phénomènes connus (ballons-sondes, avions, oiseaux, etc.). Mais il resta toujours un résidu non négligeable de cas inexpliqués. Blue Book annonça périodiquement que ces cas ne présentaient pas une menace pour la sécurité nationale.

Pour des raisons mal connues, Blue Book pratiqua une politique de grand secret en refusant presque constamment de donner accès à ses dossiers. Cela favorisa sans doute la naissance d'organisations de recherche privées, telles que l'APRO (Aerial Phenomena Research Organization) en 1952 ou le NICAP (National Investigations Committee on Aerial Phenomena) en 1956, qui opposèrent leurs études de cas, souvent bien documentées, à celles de Blue Book. Le fondateur de NICAP, le commandant en retraite Keyhoe, soutint une thèse extrême : selon lui l'armée de l'air avait la preuve de l'origine extraterrestre de certains OVNIS, mais la cachait pour ne pas perturber un public mal préparé.

Jusqu'en 1965, la controverse fit rage entre l'armée de l'air et les groupes ufologiques privés. La presse, le public et le Congrès ne furent impliqués que sporadiquement. Mais en 1965, Blue Book reçut 887 rapports. La presse fit de nombreux comptes rendus sur les OVNIS, et progressivement le public, le Congrès et la communauté scientifique furent engagés dans le débat. Cela amena l'armée de l'air à abandonner son monopole sur l'étude des OVNIS et à demander à une université d'étudier le problème. L'astronome Hynek fit beaucoup pour que les études de Blue Book soient soumises à une critique compétente. En dix-huit ans de travail de consultant il avait beaucoup évolué. Convaincu au début du manque d'intérêt de l'étude des OVNIS, il s'était progressivement persuadé du contraire, et considérait les études de Blue Book comme insuffisamment scientifiques.

Le rapport Condon

L'armée de l'air passa donc en octobre 1966 un contrat d'étude à l'université du Colorado qui le fit exécuter par une commission dirigée par un physicien éminent, le Dr Edward U. Condon. Sciences physiques et humaines étaient représentées dans la commission. Celle-ci effectua son étude pendant près de deux ans, et la rendit publique en janvier 1969.

Le rapport Condon, intitulé « Étude scientifique des objets volants non identifiés », comporte un millier de pages ; il est particulièrement touffu. Il contient un résumé, rédigé par Condon, mais ce résumé ne reflète pas fidèlement le corps du rapport, où certains rédacteurs ont mis l'accent sur des cas qu'ils jugeaient inexplicables et intéressants.

Condon a également écrit les conclusions et recommandations, dont la principale est :

« Notre conclusion générale est que rien n'est venu, au cours des 21 dernières années d'étude des OVNIS, qui accroisse la connaissance scientifique. L'étude soigneuse du dossier auquel nous avons eu accès nous amène à conclure que de futures études générales des OVNIS ne seraient probablement pas justifiées par l'espoir de faire ainsi progresser la science. »

Cette affirmation est tempérée, une page plus loin, par la suivante qui s'avérera fondée :

« Les scientifiques ne sont pas respectueux de l'autorité. Notre conclusion que l'étude des OVNIS a peu de chance de faire avancer la science ne sera pas acceptée sans critiques de leur part. Cela ne devrait pas être, et nous ne souhaitons pas que cela soit. En tant que scientifiques, nous espérons que la présentation détaillée de ce que nous avons pu faire et de ce que nous n'avons pas pu faire les aidera à décider s'ils sont d'accord ou non avec nos conclusions. Nous espérons que le détail de ce rapport aidera d'autres scientifiques à voir quels sont les problèmes et les difficultés pour en venir à bout. »

Dans son résumé, Condon mentionne qu'il n'existe aucune preuve formelle que certains OVNIS soient des vaisseaux spatiaux ni qu'ils constituent une menace militaire. Suivant ses recommandations, l'armée de l'air supprima le 17 décembre 1969 le projet Blue Book ; il n'y eut alors plus d'étude « officielle » des OVNIS.

Les réactions des scientifiques au rapport Condon

Bien que le rapport Condon ait été avalisé, après un examen de quelques semaines, par l'Académie nationale des sciences, il fut très critiqué dans la communauté scientifique, en particulier par l'importante AIAA (American Institute of Aeronautics and Astronautics), une association scientifique et technique rassemblant des milliers de scientifiques et d'ingénieurs travaillant dans les secteurs de l'aéronautique et de l'espace.

Critiques de l'AIAA

L'AIAA avait créé dès 1967 une sous-commission OVNI. Celle-ci publia en novembre 1970 dans sa revue, le *Journal of Aeronautics and Astronautics,* un article intitulé : « OVNI, une estimation du problème ». Donnons-en quelques extraits :

« Pour comprendre le rapport Condon, qui est difficile à lire, en partie à cause de son organisation, on doit d'abord étudier le rapport en bloc. Il ne suffit pas de lire les résumés, du genre de ceux écrits par Sullivan et par Condon, ou les résumés des résumés, sur lesquels semblent compter une grande majorité de lecteurs et les médias de la presse. Il y a des différences dans les opinions et les conclusions exprimées par les auteurs des différents chapitres, et il y a des différences entre celles-ci et le résumé de Condon. Toutes les conclusions contenues dans le rapport lui-même ne sont pas intégralement reflétées dans le résumé de Condon. »

« Le chapitre de Condon " Résumé de l'étude " contient plus que son titre ne l'indique. Il reflète beaucoup de ses opinions personnelles. »

« La sous-commission n'a pas trouvé que le contenu du rapport justifiait le jugement (de Condon) et qu'il ne sortirait rien de scientifiquement valable de la poursuite des recherches. »

« Considérant toutes les preuves qui sont venues à la connaissance de la sous-commission, nous trouvons difficile d'ignorer le petit nombre résiduel de cas bien documentés et cependant inexplicables qui forment le noyau dur de la controverse sur les OVNIS. »

Recommandant que l'on ne considère pas l'hypothèse extraterrestre, qu'elle jugeait attrayante mais trop spéculative, la sous-commission suggérait un travail modéré, mais continu et scientifique, sur les OVNIS.

En 1972, Hynek publia un livre, *The UFO Experience, a Scientific Enquiry.* Il y faisait siennes toutes les positions mentionnées ci-avant. Il proposait des thèmes de recherche (statistiques de cas, recherches de corrélations, étude approfondie des trajectoires et évolutions des OVNIS, etc.), qu'il mit en œuvre à partir de 1973 au sein du CUFOS (Center for UFO Studies). Composé d'un noyau de scientifiques autour de Hynek, le CUFOS se tint en liaison avec certains groupements ufologiques tels qu'APRO, NICAP et MUFON. Ce dernier, le Mutual Ufo Network, créé en mai 1969, mit à sa disposition ses 800 enquêteurs.

Le colloque de l'AAAS

Près d'un an avant la parution de l'article de l'AIAA, en décembre 1969, Hynek avait participé à un colloque sur les OVNIS organisé par l'AAAS (American Association for the Advancement of Science). L'astronome D. Menzel, un des conseillers de Blue Book, y avait défendu sa thèse que tous les rapports d'OVNI peuvent s'expliquer, lorsqu'ils ne résultent pas de mystifications ou d'hallucinations, par des phénomènes connus mal interprétés par les témoins. À l'appui de la thèse contraire, le physicien MacDonald avait présenté quatre cas du rapport Condon sur lesquels il avait fait des études complémentaires. Nous présentons sommairement deux de ces cas.

L'incident du *RB 47*, le 17 juillet 1957, de nuit, est ainsi résumé par MacDonald : « Un avion à réaction *RB 47* de l'armée de l'air américaine, équipé d'ECM (appareillage de détection des émissions radar), avec un équipage de six officiers, fut suivi par un OVNI sur une distance de plus de 1 300 kilomètres et pendant plus d'une heure et demie, alors qu'il volait du Mississippi à l'Oklahoma en traversant la Louisiane et le Texas. L'objet fut, à différents moments, observé visuellement par les occupants du cockpit, et apparut comme une lumière intense. Il fut aussi suivi par des radars au sol et détecté par les équipements ECM à bord du *RB 47*. L'intérêt particulier de ce cas réside dans le fait qu'à plusieurs reprises ont été observées des apparitions et disparitions simultanées, par les trois méthodes physiquement distinctes (visuelle, radar, ECM), ainsi que des manœuvres dont la rapidité dépassait tout ce dont l'équipage avait eu jusque-là l'expérience. »

Tous ces faits se trouvent dans le rapport Condon, mais la

commission n'avait pu se baser que sur le récit de trois des officiers, fait dix ans après l'accident. Sa conclusion, « observation inexpliquée », manquait donc de fermeté. MacDonald réussit à retrouver le rapport Blue Book correspondant à l'incident et interrogea les six témoins. Les faits furent alors fermement établis. Après avoir écarté diverses hypothèses d'explication, dont celle de Blue Book, « avion », MacDonald conclut que le cas montrait « un OVNI ayant des performances très intéressantes et des moyens électromagnétiques ». Il publia plus tard, en avril 1971, une étude de ce cas dans le *Journal of Aeronautics and Astronautics.*

L'incident de Lakenheath, en Angleterre, dans la nuit du 13 au 14 août 1956, est résumé comme suit dans le rapport Condon :

« Au moins un OVNI a été repéré par le contrôle radar du trafic de deux stations USAF-RAF, correspondant apparemment à l'observation optique d'un objet rond, blanc, avec des mouvements rapides et de brusques changements de direction. Une interception a été tentée par un avion de chasse de l'armée de l'air. L'avion fut dirigé vers l'OVNI par le contrôle radar et le pilote signala que son radar était au contact de la cible et ses canons prêts à tirer. L'OVNI fit une boucle et vint se placer derrière l'avion, qu'il suivit malgré les manœuvres d'évasion du pilote. Le contact fut interrompu quand l'avion retourna à la base, par manque de carburant. Les preuves prépondérantes indiquent la possibilité d'un véritable OVNI *(sic)* dans ce cas. Le temps était clair avec une bonne visibilité. »

Le sens de « véritable OVNI » est peut-être éclairé par une analyse faite dans un autre chapitre du rapport par un rédacteur différent, Thayer, spécialiste du radar :

« En résumé, ce cas est le plus intrigant et inhabituel du dossier des observations combinées radar-visuelles. Le comportement apparemment rationnel, intelligent de l'OVNI suggère comme explication la plus probable de cette observation une mécanique d'origine inconnue. Cependant, considérant l'inévitable faillibilité des témoins, des explications plus classiques ne peuvent être entièrement exclues. »

Par une étude approfondie du rapport Blue Book, MacDonald

affermissait l'essentiel des données du cas. Il confirmait en particulier le jeu de « chat et souris » de l'OVNI qui se tint à une distance constante derrière l'intercepteur alors que celui-ci effectuait diverses manœuvres pour lui échapper.

MacDonald concluait que ce cas, comme celui du *RB 47,* infirmait le jugement de Condon selon lequel la poursuite de l'étude des OVNIS ne pourrait faire avancer la science. De plus, à ses yeux, le cas de Lakenheath suggérait suffisamment un contrôle intelligent (ou cybernétique) de l'OVNI pour que l'hypothèse de son origine extraterrestre se présente comme la plus probable. Il s'agit bien entendu, disait-il, d'une hypothèse de travail, démunie pour le moment de preuve irréfutable. Le *Journal of Aeronautics and Astronautics* devait présenter ce cas, revu par Thayer, en septembre 1971. Considérant la haute crédibilité de l'information et le caractère très étrange des données, Thayer considérait Lakenheath comme un des cas les plus troublants d'OVNIS connus à cette date.

Des secrets officiels arrachés légalement

Vers 1976, quelques ufologues eurent l'idée d'utiliser la loi sur la liberté de l'information (FOIA : Freedom of Information Act, loi de 1966, amendée en 1974) pour obtenir de diverses instances officielles des documents secrets sur les OVNIS, qu'ils publièrent, photocopies à l'appui bien souvent. Certains d'entre eux formèrent en 1978 une association, CAUS (Citizens Against UFO Secrecy). Deux dirigeants de CAUS publièrent en 1984 un ouvrage, *Clear Intent,* qui présentait l'essentiel des documents recueillis au titre de la FOIA. Ceux-ci montrent clairement que les forces armées et différents services de renseignements n'ont jamais cessé de s'intéresser aux OVNIS. Donnons trois exemples qui se passent de commentaires.

La « procédure standard de l'armée de l'air »

La préface de l'ouvrage contient notamment une intéressante citation d'un document de l'Air Force d'octobre 1969 signé d'un brigadier général ; celui-ci suggère que l'on mette fin au projet Blue Book (ce qui fut fait deux mois plus tard), mais précise que les rapports d'OVNIS qui pourraient affecter la sécurité nationale ne font pas partie du système Blue Book et devraient continuer à être traités par la « procédure standard de l'Air Force » qui les concerne.

L'OVNI vu par les garde-côtes

Au chapitre « Échos du passé », on trouve une fiche du NORAD (North American Aerospace Defence Command). Elle concerne un OVNI en forme de cigare, porteur de lumières colorées très brillantes, qui fut observé au-dessus du lac Michigan le 23 juillet 1978, autour de 4 heures du matin, par quatre stations de garde-côtes situées en bordure du lac. D'abord immobile à 1 800 m au-dessus du lac, l'objet couvrit soudain environ 200 miles en trois minutes, donc à une vitesse moyenne hypersonique (supérieure à cinq fois celle du son).

L'incident de Téhéran en 1976

Au chapitre « Intrigue à l'étranger » est présenté un rapport particulièrement étonnant, qui fit l'objet d'un article dans l'*International Herald Tribune* du 20-21 janvier 1979. Nous avons eu entre les mains une photocopie de ce rapport. Il émane des dossiers de la DIA (Defense Intelligence Agency), service de renseignements de la Défense, d'où un citoyen américain réussit à grand-peine à l'extraire, après avoir eu connaissance de l'incident, sous forme très édulcorée, par un journal de Téhéran en langue anglaise, le *Keyhan International*. Résumons ce cas :

Peu après minuit, le 19 septembre 1976, le (censuré ; visiblement un officier de l'armée de l'air impériale. Note des auteurs) reçoit quatre appels téléphoniques de citoyens qui l'avertissent de la présence d'objets étranges dans le ciel. Il leur répond que ce sont des étoiles puis observe lui-même et voit un objet plus gros et plus brillant qu'une étoile. Il envoie un avion supersonique *F4* de l'armée de l'air impériale en reconnaissance.

Lorsque le *F4* arrive à 45 km de l'objet, ses instruments de vol et tous ses moyens de communication (radio et interphone) cessent brusquement de fonctionner. Le pilote arrête l'interception et se dirige vers sa base. L'équipage récupère alors l'usage de ses instruments et de ses communications.

Un second avion *F4* est envoyé. L'écho de l'OVNI sur son écran radar est semblable à celui d'un Boeing 707. Le *F4* s'approche de l'OVNI avec une vitesse relative de 280 km/h. Lorsqu'il parvient à 45 km de lui, l'OVNI accélère et se tient à une distance constante de 45 km du *F4*. L'équipage ne peut discerner visuellement la taille de l'objet, car celui-ci brille intensément. Son éclat provient de lumières disposées en rectangle et passant rapidement du bleu au vert, au rouge et à l'orange.

Soudain sort de l'OVNI un objet brillant, de diamètre apparent moitié ou tiers de celui de la Lune, qui se dirige très rapidement vers le *F4*. Le pilote effectue un virage et un piqué, mais l'objet change de direction et poursuit l'avion à une distance d'environ 6 km. Finalement, il passe à l'intérieur du virage pris par le *F4* et repart pour rejoindre et réintégrer l'OVNI dont il était sorti.

Peu après, un objet sort à nouveau de l'OVNI et se dirige rapidement vers le sol, à la verticale. L'équipage du *F4* s'attend à le voir exploser au sol, mais l'objet semble se poser doucement et répand une très vive lumière sur une aire de 2 à 3 km de diamètre. L'équipage décrit alors des cercles pour récupérer sa vision de nuit avant de se poser sur l'aérodrome de Téhéran. Il note la perte de ses comunications (radio et interphone) chaque fois que l'avion traverse une certaine zone ; un avion civil perd également ses communications lorsqu'il traverse cette zone. Dans la journée, l'équipage est conduit en hélicoptère à l'endroit où avait apparemment atterri l'objet (un lac desséché) mais n'y trouve rien.

Tout aussi étonnante que le rapport lui-même était une note annexe de la DIA précisant que l'information avait été confirmée par d'autres sources, et se terminait par cette appréciation :

« Un rapport remarquable. Ce cas est un classique qui réunit toutes les conditions requises pour une étude valable du phénomène OVNI :

a. L'objet a été vu par des témoins multiples situés en différents endroits...

b. La crédibilité de beaucoup de témoins était grande (un général d'aviation, des équipages qualifiés, et des contrôleurs de la navigation aérienne expérimentés).
c. Les observations visuelles ont été confirmées par radar.
d. Des effets électromagnétiques semblables ont été rapportés par trois équipages distincts.
e. Il y a eu des effets physiologiques sur certains membres d'équipage (perte de vision de nuit due à la brillance de l'objet).
f. Un degré extraordinaire de maniabilité a été montré par les OVNIS. »

Les études officielles en U.R.S.S. et en France

Nous ne disposons pas de beaucoup de documents accessibles sur les travaux effectués en U.R.S.S. Par contre, en France, le Groupe d'étude des phénomènes aérospatiaux non identifiés (GEPAN) a publié deux plaquettes d'information et un certain nombre de notes techniques qui permettent de se représenter ses activités.

Les études officielles en U.R.S.S.

L'Académie des sciences de l'U.R.S.S. étudie les phénomènes aérospatiaux non identifiés. Des indications sur l'orientation de ses travaux ont été données par Vladimir Migouline, correspondant de cette académie, dans un article publié par *la Recherche* en juillet 1979. V. Migouline déclarait : « Au cours des dix à quinze dernières années, en Union soviétique, les cas d'observation de phénomènes lumineux et d'objets insolites dans l'atmosphère de la Terre sont devenus nettement plus nombreux. Très souvent, ces phénomènes sont observés par plus d'une personne, en des endroits différents, mais au même moment. L'analyse statistique d'une partie des observations permet de conclure que nous avons affaire à des phénomènes réels. Les hallucinations et les fausses informations, même s'il y en a, constituent une partie tellement minime qu'elles n'influencent pratiquement pas les caractéristiques de la statistique. »

Il évoquait ensuite les types d'explication qu'avaient pu recevoir certaines observations (phénomènes bien connus mal identifiés, satellites, corps de fusée, ballons-sondes, etc.), puis ajoutait : « Cependant, le plus gros des informations rapporte des observations de phénomènes anormaux dans l'atmosphère de la Terre, phénomènes qui exigent une étude scientifique approfondie. »

Il mettait en garde contre l'hypothèse extraterrestre en précisant :

« L'analyse des données disponibles ne permet pas de trouver des arguments indiscutables qui prouveraient qu'au moins une fois on ait observé des manifestations technologiques d'une civilisation très développée. »

Cela conduisant selon lui à rechercher exclusivement des causes naturelles au phénomène, Migouline poursuivait :

« Le fait que des informations dignes de foi décrivent, aussi bien en Union soviétique que dans les autres pays, des phénomènes à peu près semblables prouve que nous sommes en face de phénomènes globaux. Au cours des dernières décennies, le développement extrêmement rapide de la technologie a entraîné de profondes modifications dans notre environnement. Des suspensions diverses sont constamment dégagées dans l'atmosphère de la Terre... Il n'est pas étonnant que de tels changements dans la composition et le régime de l'atmosphère puissent engendrer des phénomènes nouveaux dont l'influence sur l'environnement est imprévisible. »

Il concluait : « On peut dire pour finir que la tâche imminente essentielle consiste à étudier sérieusement et minutieusement la nature des processus qui engendrent le phénomène des OVNIS, en rejetant tout ce qui est appelé à faire sensation. Les recherches statistiques, théoriques et expérimentales, en y attirant des spécialistes polyvalents, aideront à résoudre ce problème. »

Les études officielles en France

Le phénomène OVNI a touché la France peu après les États-Unis, à la fin des années 40. En 1951, il a atteint une certaine ampleur ;

l'armée de l'air a alors ouvert un dossier spécial. En 1954, année d'une forte « vague » d'observations, elle a été chargée par le secrétaire d'État aux Forces armées d'examiner si les témoignages qu'elle recueille comportent des informations susceptibles d'intéresser la défense nationale. En 1970, elle a conclu que le phénomène ne constituait pas une menace pour la défense.

Début 1974, se produisit une nouvelle vague importante qui eut un certain retentissement dans l'opinion. Robert Galley, ministre de la Défense, interviewé par Jean-Claude Bourret, recommanda une attitude ouverte et scientifique à l'égard du phénomène. À partir de cette date, les témoignages recueillis par la gendarmerie nationale et les forces aériennes furent transmis au Centre national d'études spatiales, où l'ingénieur-docteur Claude Poher les étudia et en fit en particulier une exploitation statistique.

Claude Poher avait en effet été amené très tôt à s'intéresser au rapport Condon. Il eut le courage de le lire en entier, et en tira la conclusion que le phénomène OVNI méritait une étude scientifique approfondie, qu'il commença à effectuer à titre privé, aidé de quelques collègues.

En 1977, le C.N.E.S. créait le GEPAN, « Groupe d'étude des phénomènes aérospatiaux non identifiés », et en confiait la direction à Claude Poher. L'expression « phénomène aérospatial » était scientifiquement plus rigoureuse que celle, courante, d'« objet volant » qui pouvait évoquer non l'objet d'une perception mais un objet solide, voire manufacturé !

Les travaux du GEPAN furent supervisés par un conseil scientifique rassemblant des compétences de haut niveau en sciences physiques et humaines. Ce conseil, au cours de ses différentes réunions, a constamment soutenu et orienté les travaux du GEPAN, et a approuvé son souci de n'examiner pour le moment aucune hypothèse d'ensemble, extraterrestre ou autre.

Le tri des rapports. Les enquêtes

Le GEPAN effectue l'étude des rapports qui lui sont envoyés, principalement par la gendarmerie ; celle-ci a, depuis février 1974, instruction d'enquêter systématiquement sur toute observation de PAN (Phénomène aérospatial non identifié) qui lui est rapportée. Pour chaque rapport, les experts du GEPAN essaient d'identifier le phénomène. Dans 20 à 25 % des cas, ils n'y parviennent pas bien que le document soit cohérent et riche en informations. S'il apparaît qu'un rapport mérite une enquête, une équipe d'enquêteurs se rend sur place, en liaison avec la gendarmerie locale. Elle procède à une reconstitution de l'observation avec chaque témoin pris séparément. Le GEPAN a mis au point à cet effet un appareil, le SIMOVNI : le témoin vise le paysage dans une lunette, et l'appareil superpose au paysage observé des formes diverses, diversement colorées et animées de mouvements variés, qui simulent le PAN au gré du témoin et des enquêteurs. L'appareil est muni d'un enregistreur. Puis l'équipe organise un entretien avec chaque témoin, toujours pris séparément, en vue de mieux cerner sa personnalité. Sont évoquées notamment les réactions du témoin au moment de l'observation, les interprétations qu'il peut donner de celle-ci, ses connaissances scientifiques. La nature des lieux est soigneusement consignée. Des prélèvements de sol ou de végétation sont éventuellement effectués aux fins d'analyse.

L'étude se poursuit ensuite à Toulouse dans les locaux du GEPAN. Celui-ci analyse la cohérence interne de chaque témoignage, la cohérence des témoignages entre eux ainsi qu'avec d'éventuelles traces, etc. Il complète sa documentation sur les conditions météo, les lâchers de ballons-sondes, les passages d'avion, et toutes les autres données accessibles pouvant avoir influencé l'observation. Puis il rédige son rapport et le diffuse éventuellement dans une note technique accessible au public. Si le cas est complexe et demande des analyses de traces élaborées, l'ensemble de l'étude peut demander deux ans.

Le GEPAN fait progresser constamment ses méthodes d'enquête, s'aidant notamment des conseils de psychologues versés dans l'étude des erreurs de perception, du mensonge, de la rumeur... Il contribue au perfectionnement du manuel d'enquête sur les PAN de la gendarmerie. Les résultats d'enquête sont divers. Une enquête a suggéré, comme cause de l'observation, des phénomènes électriques (Note technique n° 5). Une autre a montré une supercherie (N.T. n° 7). Une autre encore, l'affabulation des témoins dont l'un a prétendu, sans aucune vraisemblance, avoir été enlevé par un OVNI près de Cergy-Pontoise (N.T. n° 6). L'enquête que nous allons présenter a révélé des faits inexplicables. Il n'y a eu qu'un seul témoin, mais des traces importantes ont été observées sur le sol et la végétation.

L'affaire de Trans-en-Provence

Dans sa déposition à la gendarmerie, complétée par un entretien ultérieur avec le GEPAN, le témoin, un maçon, a décrit pour l'essentiel les faits suivants :

Le 8 janvier 1981, à 17 heures, le témoin bricole sur son terrain. Il entend un sifflement léger et voit un objet s'approcher du sol et s'y poser avec un bruit sourd à 70 m de lui. Il s'approche pour l'observer à 30 m. L'objet a la forme de « deux assiettes renversées l'une contre l'autre », son diamètre est évalué à 2,50 m, sa hauteur à 1,70 m; sa couleur est celle du plomb. Au bout de quelques secondes, il s'élève à la verticale de quelques mètres, en soulevant un peu de poussière, s'incline et disparaît rapidement. À l'endroit du décollage, le témoin remarque une trace, une couronne circulaire de sol tassé où existent « des genres de traces de ripage ». La gendarmerie, intervenue le lendemain de l'incident, puis le GEPAN verront en effet cette couronne de diamètres intérieur de 2,30 m et extérieur de 2,40 m, qui porte en certains secteurs des stries noires semblables à des traces de ripage. Des échantillons de sol prélevés sur cette couronne sont envoyés à différents laboratoires. Les analyses montrent que le sol a subi une forte pression mécanique ainsi qu'un échauffement. Des échantillons d'une variété de luzerne sauvage sont prélevés en divers endroits à l'extérieur de la couronne. Un laboratoire de l'Institut national de la recherche agronomique les analyse et constate une altération biochimique des végétaux d'autant plus sensible dans l'ensemble que ceux-ci ont été prélevés près du centre de la couronne. La cause de cette altération ne peut être établie. Ce n'est sûrement pas une irradiation par des rayons gamma. Peut-être s'agit-il de champs énergétiques de type électrique, mais les connaissances actuelles sur les effets de ces champs sur les végétaux sont insuffisantes pour qu'on puisse se prononcer.

Les analyses de traces (sol et végétaux) montrent qu'un événement physique de grande ampleur s'est produit. Ces analyses sont compatibles avec les déclarations du témoin. Les entretiens avec ce dernier n'ont pas révélé d'indication d'un manque de sincérité ou d'objectivité. Le témoin est resté longtemps convaincu qu'il avait vu un engin militaire d'un type qu'il ne connaissait pas.

Le GEPAN, dans la note technique n° 16 où il relate l'enquête, se garde prudemment de conclure à la véracité du témoignage. Il mentionne l'intérêt que présenterait à cet égard une étude des traumatismes d'origine physicochimique que peuvent subir les végétaux.

Quelques voies de recherche

Le GEPAN a abordé ou encouragé des recherches dans divers domaines. Les notes techniques montrent par exemple les efforts faits en psychologie de la perception ou en méthodes statistiques.

Pour améliorer les données d'observation, le GEPAN a fait développer par un industriel des composants optiques dont la gendarmerie a équipé ses appareils photographiques. Ces composants, des réseaux de diffraction, agissent comme des prismes et permettent, lors de la photographie d'une lumière anormale, de déceler les différentes longueurs d'onde qui la composent ; la nature de cette lumière peut ainsi être mieux cernée. (N.T. n° 18).

Terminons en citant l'intérêt porté par le GEPAN aux travaux du physicien J.-P. Petit sur la propulsion magnétohydrodynamique (N.T. n° 9) évoqués au chapitre précédent. J.-P. Petit a en effet élaboré son modèle de propulsion MHD pour rendre compte de certaines observations d'OVNI, telles que :

— « objet » immobile en l'air, puis acquérant brusquement une vitesse surprenante, le tout presque sans bruit ; c'est le *stop and go* observé par exemple à Lakenheath ;

— objet se déplaçant à vitesse supersonique sans bruit ; dans le rapport Condon, le physicien Blumen s'était montré intrigué par ce type d'observation ;

— halo lumineux entourant l'objet ; ce halo est dû dans le modèle à l'électrisation de l'air nécessaire à la propulsion MHD. La nuit, le halo masque l'objet, et l'on ne voit qu'une lumière brillante aux contours mal définis, ou un point lumineux.

Évolution du GEPAN : le SEPRA

À la tête du GEPAN se sont succédé trois ingénieurs : Claude Poher, le fondateur, Alain Esterlé, qui a notamment mis au point la méthodologie, et Jean-Jacques Velasco. Ce dernier dirige actuellement le SEPRA (Service d'étude des phénomènes de rentrée atmosphérique). Récemment créé, le SEPRA a, parmi d'autres activités, repris celles du GEPAN, savoir : collecte, analyse, expertise de tous les cas de PAN soumis par les administrations (gendarmerie nationale, armée de l'air, aviation civile, etc.).

L'adresse du SEPRA est : SEPRA/CNES/CST 18, avenue Édouard-Belin, 31055 Toulouse.

Les interprétations du phénomène OVNI

La plupart des observations de PAN proviennent d'erreurs de perception de phénomènes naturels (météorites, nuages lenticulaires, etc.) ou d'objets fabriqués par l'homme (avions, hélicoptères, satellites, débris de fusées, etc.). Certaines résultent d'hallucinations ou de canulars. Il reste néanmoins un résidu d'observations crédibles et bien documentées que les experts ne parviennent pas à expliquer. C'est à ces observations que nous allons nous attacher. Curieusement, il n'existe pas de sigle pour les désigner. Le GEPAN les classe en catégorie D, nous les appellerons des PAND.

Les interprétations des PAND sont nombreuses. Il est d'ailleurs douteux que tous les PAND relèvent de causes semblables. Voyons successivement les interprétations proposées par les études officielles, celles d'individus ou de groupements privés, et les nôtres.

Les interprétations officielles

Le GEPAN, nous l'avons dit, a toujours écarté l'étude d'hypothèses globales sur l'origine des PAND. Il a estimé que ces phénomènes, dont certains ont une composante physique, devaient d'abord être mieux cernés, puis faire l'objet de modélisations partielles, telle que la propulsion MHD. Cela peut se faire sans hypothèse globale, et en particulier sans l'hypothèse extraterrestre, qui a paru au GEPAN d'autant plus prématurée qu'il ne pouvait pas se représenter un voyage d'une étoile lointaine jusqu'à nous.

Côté soviétique, Migouline, n'observant pas en 1979 dans le phénomène OVNI des manifestations de technologie avancée, cherche l'explication des PAND dans des phénomènes naturels mal connus, dus en particulier à la pollution croissante de l'atmosphère.

Dans le résumé de son rapport, Condon donne l'impression qu'il n'y a rien de vraiment anormal dans le ciel. C'est la position qu'adoptera officiellement l'US Air Force en décembre 1969 lorsqu'elle mettra fin au projet Blue Book. L'Air Force n'a recueilli « aucune preuve que les observations classées non identifiées représentent des développements technologiques ou des principes dépassant le champ des connaissances scientifiques actuelles ». La lecture du rapport Condon, et notamment des commentaires faits sur les indidents de Lakenheath et du *RB 47*, dégage des conclusions moins nettes. Les PAND posent manifestement problème à certains rédacteurs.

En bref, les experts officiels soviétiques et français et certains rédacteurs du rapport Condon, aboutissent à la conclusion qu'il y a, dans le ciel, des réalités physiques que nous ne comprenons pas. Prenons acte de ce consensus limité, et voyons comment aller plus loin.

Les interprétations des « privés »

C'est aux individus et groupements privés qu'il appartiendra de faire les hypothèses les plus variées et les plus hardies sur les PAND. Passons-en quelques-unes en revue.

L'action du Malin

Beaucoup de personnes religieuses sont frappées par les désordres auxquels donne lieu le phénomène OVNI : confusion des esprits entretenue par une littérature délétère, polémiques peu charitables, et surtout sectes douteuses vouant aux extraterrestres un véritable culte, pour le plus grand bénéfice matériel de leurs fondateurs. Tout cela paraît à ces personnes la manifestation du Malin, que l'on juge responsable non seulement des désordres, mais du phénomène OVNI qui les occasionne.

Nous ne sommes pas théologiens. Nous ferons cependant remarquer aux esprits religieux que l'action du Malin, ou des démons ses collaborateurs, était fréquemment évoquée autrefois pour expliquer des réalités désagréables dont on ne voyait pas l'origine, telles que les maladies mentales. Depuis quelques siècles, on a renoncé progressivement à ces explications, la science en proposant d'autres plus sûres. De nos jours, il existe encore au sein de l'Église catholique des prêtres exorcistes, mais ils envoient chez des médecins l'immense majorité des patients qu'on leur amène.

La parapsychologie

Certains parapsychologues assimilent les PAND aux matérialisations et aux poltergeists objets de leur étude, attribuables selon eux à des manifestations du psychisme humain.

Nous ne polémiquerons pas ici sur la réalité de la parapsychologie et nous contenterons d'une remarque : les faits allégués par les parapsychologues (des objets se déplacent dans une maison, des pierres apparaissent dans une pièce close) sont certes fort étranges, mais ils sont beaucoup moins complexes que des observations telles que celle rapportée à Téhéran en 1976.

Les engins secrets

En présence d'une observation récente, on peut toujours se demander si une puissance étrangère n'a pas mis au point un engin aux performances révolutionnaires qui, lors d'un essai, s'est égaré hors de son territoire.

Cette hypothèse ne peut cependant pas expliquer des observations fort anciennes (Lakenheath, *RB 47*, Téhéran) où les objets semblent témoigner de performances très en avance sur les réalisations d'aujourd'hui.

Les hypothèses physiques exotiques

Quelques esprits sont convaincus que certains PAND sont des engins qui ne peuvent provenir que d'un autre système solaire, mais ils ne peuvent concevoir les voyages interstellaires dans le cadre de la physique actuelle. Ils tentent alors d'imaginer la physique du futur : possibilité de tunnels dans l'espace-temps, dont nous parlerons au chapitre 8 ; existence de dimensions supplémentaires de l'espace permettant de relier aisément deux points paraissant éloignés dans l'espace à trois dimensions qui nous est familier ; univers « parallèle », d'où les engins PAND nous rendraient visite. Selon d'autres spéculations, les engins mystérieux sont pilotés par nos descendants qui ont appris à voyager dans le passé.

Comme beaucoup de scientifiques, et comme O'Neill en particulier, nous sommes de fervents lecteurs de science-fiction. Mais, quand nous cherchons à interpréter des faits, nous jugeons plus raisonnable de nous en tenir à la science d'aujourd'hui. Nous avons vu au chapitre précédent qu'elle permet de concevoir des voyages interstellaires.

Les partisans des physiques exotiques invoquent d'autres arguments. Comment expliquez-vous, disent-ils aux physiciens « classiques », les apparitions ou disparitions soudaines d'OVNI autrement que par une physique inconnue ? L'astronome Pierre Guérin remarquait à ce sujet en 1976 dans le livre de Jean-Claude Bourret *le Nouveau Défi des OVNIS* : « Certains témoins ne pourraient-ils pas avoir l'impression que l'OVNI disparaît sur place en plein jour si ce dernier s'entoure d'un halo ionisé de même luminance que le ciel, et en pleine nuit s'il interrompt brusquement le mécanisme de cette ionisation ? »

De même, on peut concevoir de nos jours qu'un engin suivi par un radar disparaisse subitement de l'écran, puis y réapparaisse, au gré de son pilote : les militaires développent en effet des revêtements antiradar dits « actifs » qui peuvent absorber ou réfléchir, sur commande instantanée, les ondes radar qui les atteignent. Ainsi, certaines apparitions ou disparitions de PAND, simultanément à l'œil et au radar, comme dans l'affaire de *RB47*, ne paraissent pas incompréhensibles dans le cadre de la physique actuelle.

Remarquons enfin que certains phénomènes étranges peuvent être simplement des films holographiques en couleur projetés dans la direction des observateurs par des engins lointains qu'ils ne peuvent voir. La technique de ces films progresse actuellement à grands pas.

Les interprétations que nous jugeons rationnelles

Après avoir écarté toutes les hypothèses précédentes, plus d'autres dont nous faisons grâce au lecteur, nous pensons que les PAND ne peuvent s'interpréter rationnellement que de deux façons :

— ou bien, à la suite de l'astronome Menzel, on admet que tous les PAND devraient pouvoir un jour être expliqués par des phénomènes naturels ou des objets manufacturés par l'homme que les témoins ont mal perçus, ou par des anomalies de fonctionnement des systèmes radar. Les causes des erreurs de perception des témoins peuvent être multiples, et les psychologues professionnels ou amateurs ne manquent pas d'invoquer, à côté des mirages ou de l'astigmatisme de l'œil, l'inconscient collectif de Jung ou différents travers de l'esprit humain ;

— ou bien l'on suit la voie tracée par le physicien MacDonald, et l'on pense, après étude approfondie des dossiers, que des observations telles que Lakenheath ou Téhéran montrent des objets mus par des intelligences (naturelles ou artificielles). Dans ce cas, l'hypothèse d'engins extraterrestres se déplaçant dans l'espace-temps de la physique actuelle nous paraît la seule rationnelle aujourd'hui. Le chapitre précédent nous montre une des formes que peut prendre cette hypothèse. Il en existe sans doute d'autres, qui ne sont pas davantage prouvées de façon scientifique.

Le professeur Michael D. Papagiannis, astronome à Boston et président de la commission « Bioastronomie : recherche de vie extraterrestre » de l'Union astronomique internationale, a entrepris de dépouiller les photos prises en 1983 par le télescope spatial IRAS. Il s'efforce de détecter des signaux infrarouges anormaux en provenance de la ceinture d'astéroïdes qui pourraient témoigner de la présence de cités ou d'usines spatiales. On comprendra que nous attachions beaucoup d'intérêt à cette recherche.

CHAPITRE 7

La recherche de signaux extraterrestres

« Le silence éternel de ces espaces infinis m'effraie. »

Pascal

Nous avons vu au chapitre 5 que la colonisation du système solaire, étape indispensable avant la migration vers d'autres étoiles, n'était pas pour demain. Nous reviendrons au chapitre suivant sur les techniques qu'il est possible d'envisager pour les voyages interstellaires, mais il est certain que ces voyages ne seront pas possibles avant un bon nombre de décennies, et qu'il ne s'agira pas d'expéditions « rapides » avec un aller-retour en quelques années, mais plutôt de migrations à l'échelle du siècle ou du millénaire.

Alors, contrairement à ce qui s'est passé pour l'exploration de la Terre, il est possible que les premiers contacts avec des civilisations extraterrestres aient lieu par échange de signaux, bien avant une éventuelle rencontre physique. Et rien ne s'oppose à ce que nous recevions demain un signal extraterrestre dont l'origine artificielle soit indubitable.

Cela veut dire que nous nous intéressons à des civilisations technologiques, d'un niveau égal ou supérieur au nôtre, c'est-à-dire capables d'émettre et de recevoir des signaux. Le contact avec des sociétés de faible technologie, comme l'était encore la nôtre jusqu'au début de ce siècle, ne peut évidemment se concevoir que par l'exploration directe.

Quels signaux ?

À la fin du siècle dernier, lorsqu'on imaginait volontiers l'existence de Martiens à la suite de l'observation des prétendus « canaux » de Mars, une méthode de contact avait été proposée : il s'agissait de dessiner dans le Sahara de gigantesques figures géométriques, triangles, carrés, cercles, etc., sur des centaines de kilomètres. Les astronomes martiens n'auraient pu manquer de remarquer ces dessins manifestement artificiels, et d'en déduire l'existence d'une civilisation scientifique et technologique sur Terre ! L'entreprise était importante, mais pas hors de portée des moyens de l'époque, qui avaient déjà permis la réalisation du canal de Suez, le démarrage du canal de Panama et les premiers projets (déjà !) de tunnel sous la Manche. Elle ne fut jamais réalisée, et il ne faut pas le regretter, puisque nous savons maintenant qu'il n'y a pas de Martiens !

Cette méthode quelque peu primitive ne pourrait de toute façon pas être utilisée au-delà du système solaire puisqu'il n'est pas question d'observer la surface d'une planète en orbite autour d'une autre étoile ; nous avons vu en effet au chapitre 1 qu'il n'était même pas encore possible de détecter de façon certaine l'existence de planètes autour d'étoiles autres que le Soleil.

Mais heureusement nous connaissons un moyen très efficace de communiquer à grande distance dans l'espace : les ondes électromagnétiques, que nous employons abondamment sur Terre et pour nos relations avec les satellites et sondes spatiales. Est-ce le seul ou même le meilleur moyen concevable ? Il serait téméraire de l'affirmer : on parle souvent, par exemple, des ondes gravitationnelles, prévues par la théorie de la relativité ; mais, malgré de nombreuses recherches, ces ondes n'ont jamais été détectées de façon certaine.

On sait d'ailleurs qu'elles interagissent très peu avec la matière et qu'elles sont donc très difficiles à détecter et encore plus à émettre.

On ne peut pas non plus exclure l'existence d'un type d'ondes totalement différent, qui nous soit encore inconnu. Cependant, il faut se rappeler que toute notre connaissance de l'Univers est basée sur les ondes électromagnétiques, et que tous les échanges d'énergie entre corps célestes s'interprètent très bien par ces ondes électromagnétiques sans qu'il soit besoin de faire appel à d'autres notions. Aussi, même si d'autres formes d'ondes existent, elles ne jouent manifestement pas un rôle important dans la physique cosmique et, une fois de plus, ce n'est pas réduire notre investigation que de la limiter à ce que nous connaissons, les ondes électromagnétiques.

Ce qui est sûr, c'est que ces ondes électromagnétiques existent, que nous en connaissons toute la gamme, depuis les rayons cosmiques de haute énergie jusqu'aux ondes radio, en passant par les rayons gamma, les ultraviolets, la lumière visible et l'infrarouge. Elles se propagent fort bien dans le vide de l'espace ; elles sont présentes partout, tous les astres en émettent, et nous savons bien les détecter et les émettre : comme nous l'avons dit plus haut, elles permettent déjà la communication avec des sondes spatiales aux confins du système solaire (pensons en particulier aux extraordinaires images de Neptune que Voyager 2 nous a transmises pendant l'été de 1989, d'une distance de 4,5 milliards de kilomètres, avec un émetteur de la puissance d'une lampe de poche), et les radioastronomes en reçoivent de « l'autre bout » de l'Univers, à des milliards d'années de lumière.

Dans ce vaste domaine des ondes électromagnétiques, on peut déterminer la plage de fréquence optimale par un raisonnement qui n'a rien d'anthropocentrique : il s'agit des ondes radio, centimétriques et décimétriques (longueurs d'onde comprises entre 3 et 20 cm ou, si l'on préfère, fréquences comprises entre 10 GHz et 1 500 MHz). Pourquoi ? Du côté des grandes longueurs d'onde, la limite provient du « bruit galactique », c'est-à-dire de l'émission naturelle des différents objets de notre galaxie, qui est maximale aux grandes longueurs d'onde : et cela n'est pas un point de vue étroit de Terrien mais s'applique à toute la Galaxie. À l'autre bout de la gamme, la limite est encore plus fondamentale, puisqu'elle vient de la nature même de la lumière : on sait que la lumière est formée de particules indivisibles, les photons ; pour transmettre une information élémentaire, un « bit », pour employer le langage des informaticiens, il faut au moins un photon. Or, les photons de courte longueur d'onde sont plus énergétiques, et la transmission d'information demande donc plus d'énergie aux courtes longueurs d'onde.

D'autres arguments militent contre l'utilisation de la lumière visible : on peut penser à la gêne causée par l'atmosphère, mais cela n'est pas un gros problème pour une civilisation avancée, qui peut envoyer ses signaux à partir de stations orbitales, hors de l'atmosphère. Un inconvénient plus sérieux est que les civilisations, nous l'avons vu, doivent se trouver sur une planète ou, en tout cas, dans le voisinage d'une étoile : or, les étoiles émettent l'essentiel de leur énergie dans le domaine visible, et un signal artificiel serait bien difficile à détecter de loin, perdu dans les feux de l'étoile centrale ; le rayonnement radio des étoiles est beaucoup plus faible, et il est bien plus facile de fabriquer une source artificielle plus intense que son soleil. La lumière visible est donc moins favorable *a priori* que la gamme des ondes radio décimétriques. Cela ne veut pas dire que l'utilisation d'un rayon laser, qui a été souvent envisagée, soit impossible, mais ce n'est pas la solution optimale du point de vue économique.

Quelle longueur d'onde ?

Dans le domaine radio que nous avons défini plus haut, il n'y a aucune difficulté technique à établir des relations à plusieurs dizaines d'années-lumière : nous saurions le faire dès aujourd'hui, avec des émetteurs, des récepteurs et des antennes tout à fait courants, comme on en utilise en radioastronomie ou pour des radars militaires. En fait, si l'on considère le plus puissant émetteur terrestre, utilisant le télescope de 300 mètres de diamètre d'Arecibo

(Porto Rico), et une hypothétique civilisation extraterrestre disposant du même niveau de technologie que nous avec un télescope de 300 mètres également, utilisé en récepteur cette fois, le signal émis depuis la Terre serait détectable à une centaine d'années-lumière. Avec des moyens un peu supérieurs, et sans imaginer de révolution technique, la portée des communications radio s'étendra jusqu'au centre galactique. Il est vrai qu'il faudra alors près de 30000 ans à un message pour parvenir jusque-là !

Ce raisonnement s'applique parfaitement à la communication avec une expédition terrienne qui serait en train d'explorer le système de *Proxima* du Centaure, car nous aurions gardé un contact radio constant avec l'expédition et saurions exactement la longueur d'onde et le type de liaison à utiliser.

Mais tous ces éléments nous manquent lorsqu'il s'agit d'établir un premier contact, et il faut d'abord déterminer la longueur d'onde précise à utiliser : à l'émission, en effet, on ne peut pas couvrir toute la gamme utile sans une dépense d'énergie prohibitive et, à la réception, il faut aussi s'accorder sur la fréquence de l'émission sous peine de noyer le signal cherché dans le bruit du récepteur et le bruit cosmique.

Signal à grand débit et signal d'appel

Il est nécessaire de distinguer ici deux types de signaux, de nature tout à fait différente, qui doivent être associés dans toute procédure de communication : le signal d'appel et le signal de transmission d'information proprement dit. Cette notion est très générale et s'applique à toutes les formes de communication que nous employons.

Lorsque deux ou trois personnes sont réunies, chacune d'elles peut prendre la parole sans précaution particulière pour exprimer ce qu'elle a à dire ; mais, dès que le nombre d'interlocuteurs augmente, on aboutit vite à la cacophonie, chacun s'exprimant en même temps. On utilise alors un « signal d'appel » pour engager la conversation : le président d'une assemblée agite sa sonnette, l'auditeur d'une conférence lève la main pour demander la parole ou bien encore, dans un salon, retentit le fameux « vous connaissez la dernière ? ». Dans chaque cas, on émet d'abord un signal qui contient très peu d'information, mais attire l'attention, avant de transmettre le signal à plus haut débit contenant l'information elle-même.

À un niveau technique plus élevé, le téléphone pourrait se limiter à un micro et à un haut-parleur et, pour établir la conversation, on dirait « Allo Dupont ! » jusqu'à ce que Dupont se manifeste : c'est ainsi qu'on procède avec certains interphones d'entreprise ; on a jugé plus efficace d'utiliser une sonnerie, signal d'appel réduit à sa plus simple expression, et qui n'exclut d'ailleurs pas le signal intermédiaire « Allo Dupont ! » avant d'engager la conversation proprement dite.

Le cas du télex est intéressant, car le signal d'appel et la transmission de l'information peuvent se faire en parallèle : on peut envoyer une sonnerie pour attirer l'attention sur un message urgent, mais le message lui-même est transmis sans attendre que le destinataire se soit manifesté.

Ce dernier exemple nous ramène à notre propos, la communication interstellaire : en effet, lorsqu'on s'adresse à des interlocuteurs situés à des dizaines, voire des centaines d'années-lumière, et que le temps d'un échange peut donc s'exprimer en siècles, il ne serait pas efficace de dire « Allo ! » jusqu'à ce que quelqu'un réponde avant de transmettre plus d'information. Il est logique d'employer la méthode du télex, c'est-à-dire d'émettre en même temps un signal d'appel et un signal à haut débit contenant toute l'information que l'on désire transmettre. Quelles seront les caractéristiques de ces signaux ?

Le signal à haut débit d'abord : il doit permettre d'envoyer le maximum d'information dans le minimum de temps ; il doit en effet se répéter périodiquement afin de permettre à ceux qui le découvrent au milieu de la transmission de ne pas rater le début (c'est ainsi que procèdent les répondeurs de la Météorologie nationale : « Si vous n'avez pas entendu le début de ce bulletin, veuillez rester à l'écoute... »). Ce signal à haut débit devra donc utiliser une large bande de longueurs d'onde ; en poussant à l'extrême, toute la plage de fréquences que nous avons définie plus haut. Même sans aller aussi loin, une « bande passante » de 2 GHz permet déjà de transmettre le présent ouvrage en moins d'un centième de seconde et le contenu d'une bibliothèque de cent mille volumes en moins d'une heure ! L'inconvénient d'un tel signal, c'est qu'il ne se distingue pratiquement pas d'un bruit originaire de l'espace ou du récepteur, et qu'il n'a aucune chance d'être détecté par hasard. D'où l'importance du signal d'appel.

Ce dernier a un double rôle à jouer : d'abord, comme la sonnerie du téléphone, il doit attirer l'attention (« on vous parle de Sirius... ») ; mais il doit aussi donner les indications nécessaires pour accéder au signal à haut débit (bande de fréquences, type de modulation, etc.). Remarquons d'ailleurs que, par sa seule existence, il indique déjà celle d'une civilisation émettrice dans la direction observée : si nous recevions d'un point donné de l'espace

Bande passante, débit, etc.

Sans entrer dans trop de détails techniques, nous allons définir quelques notions utilisées en communication :

— la *bande passante* est la plage de fréquences utilisée par le signal ; le téléphone utilise une bande de 3 kHz, un canal de télévision 4 MHz ;

— le *débit d'information* s'exprime en *bits par seconde* et est proportionnel à la bande passante : en gros, une bande de 1 kHz permet de transmettre 1000 bits par seconde (et même plus avec un système de codage élaboré) ;

— l'énergie nécessaire à la transmission d'un signal est proportionnelle à la densité d'énergie par unité de fréquence et à la bande passante : donc, un signal d'appel, transmettant très peu d'informations, se contentera d'une bande étroite, ce qui permet d'émettre un signal intense avec une énergie modeste ; au contraire, un signal à grand débit exige une large bande et donc soit une énergie considérable, soit un signal plus faible, qui sera alors plus difficile à détecter.

d'un signal manifestement artificiel, cela nous suffirait pour braquer tous les radiotélescopes du monde sur ce point, et l'analyse de toute l'énergie reçue dans la bande radio accessible nous ferait immanquablement découvrir le signal à haut débit. Quel est le signal d'appel le meilleur ?

Il doit attirer l'attention, donc bien se distinguer du bruit, et son origine artificielle doit être bien perceptible : pour satisfaire au premier critère sans mettre en jeu une énergie prohibitive, il faudra concentrer l'énergie soit dans le temps (des impulsions courtes et intenses) soit dans le domaine des fréquences (une raie spectrale fine et intense) ; le second critère peut être satisfait par une modulation du signal de base se répétant sur un cycle assez court pour qu'on ne puisse pas le manquer. Cette modulation pourrait être une variation de l'intervalle de temps entre deux impulsions ou un déplacement de la fréquence de la raie d'émission ; dans les deux cas, l'origine artificielle serait assez évidente si les variations successives présentaient entre elles des rapports remarquables (suite de nombres premiers, valeur de π ou tout autre rapport mathématique) qui n'ont aucune raison de se présenter dans un signal naturel.

Petits Hommes Verts 1

Lorsqu'en 1967, en dépouillant les enregistrements d'un instrument qui venait d'être mis en service à Cambridge pour étudier la scintillation des radiosources, les radioastronomes anglais observent des impulsions périodiques intenses, ils sont tentés de les éliminer comme parasites d'origine terrestre. Mais une jeune étudiante, Jocelyn Bell, s'obstine à étudier de plus près le phénomène et découvre bientôt qu'il provient d'un point de l'espace qui émet des impulsions très brèves à intervalles parfaitement réguliers. Cela ressemblait tellement à un signal d'appel que la source fut baptisée LGM 1 (Little Green Men, ou Petits Hommes Verts) et que son existence resta secrète quatre mois, dans la crainte justifiée d'une fausse alerte (on sait combien les Britanniques craignent le ridicule !). Au bout de ces quatre mois, trois autres sources d'impulsions semblables avaient été découvertes et le phénomène était attribué à un type d'objets prévu par la théorie mais non pas observé jusqu'alors, les étoiles à neutron. On connaît maintenant plusieurs centaines de ces objets, sous le nom de *pulsars*, et malheureusement leurs émissions ne sont pas les signaux d'appel d'une civilisation galactique !

Les impulsions brèves, comme celles des pulsars, ont l'avantage de pouvoir être détectées à n'importe quelle fréquence, car elles couvrent tout le spectre radio, mais en contrepartie le signal doit être analysé avec une grande résolution temporelle : en effet, si l'on fait la moyenne du signal reçu sur des périodes de quelques secondes, comme on le fait couramment en radioastronomie pour l'étude de sources stables, on « noie » complètement l'impulsion, dont la durée se chiffre en microsecondes. D'autre part, la traversée du milieu interstellaire retarde l'impulsion d'une quantité variable avec la fréquence, ce qui revient à étaler cette impulsion et donc à la rendre moins « visible » lorsqu'on observe avec un récepteur à large bande. Aussi les recherches systématiques de signaux d'appel portent-elles plutôt sur les raies d'émission étroites.

La botte de foin cosmique

Pour chercher un tel signal, on peut explorer toute la gamme possible avec un récepteur doté d'un très grand nombre de canaux étroits ou se concentrer vers quelques fréquences « magiques » : on pense à des marqueurs naturels comme la raie de l'hydrogène à 21 cm ; cette raie présente en effet un caractère universel, puisqu'elle est la seule raie de l'hydrogène neutre et que celui-ci est le constituant essentiel de l'Univers. Toute civilisation, dès qu'elle atteint le stade de la radioastronomie, doit donc découvrir cette raie et son caractère universel, comme nous l'avons fait sur la Terre il y a quelques décennies. On peut aussi penser à d'autres raies caractéristiques, comme celle du radical OH à 18 cm. Mais l'utilisation de ces fréquences pour communiquer présente un gros inconvénient : puisqu'il s'agit précisément de fréquences émises naturellement et abondamment par notre environnement galactique, le signal intelligent sera brouillé par ces émissions naturelles !

On a alors imaginé d'utiliser des combinaisons mathématiques de fréquences naturelles, qui évitent le brouillage mais introduisent beaucoup de subjectivité : on peut se concentrer sur la bande comprise entre 18 et 21 cm, longueurs d'onde respectives des raies de OH et de H, constituants de l'eau (v. encadré), dont nous avons souligné l'importance universelle pour la chimie du vivant. Mais quelle fréquence exacte choisir dans cette bande ? On peut prendre la moyenne des longueurs d'onde ou la moyenne des fréquences, ce qui ne donne pas le même résultat. On a même proposé des moyennes pondérées, où l'on détermine le « centre de gravité » en tenant compte de la masse des molécules : par exemple, pour OH et H, de masses respectives 16 et 1, on calculerait une longueur d'onde « moyenne » de $(16 \times 18 + 1 \times 21)/(16 + 1)$, soit environ 18,2 cm. L'universalité de ce type de raisonnement ne nous paraît pas assurée !

L'utilisation des marqueurs naturels peut donc augmenter la probabilité d'une découverte précoce, mais elle n'est pas assez sûre pour dispenser d'une recherche exhaustive, par balayage systématique de toute la gamme des fréquences dans la fenêtre radio. On

Le trou d'eau

Les longueurs d'onde de 18 cm et de 21 cm, correspondant respectivement aux émissions de l'hydrogène neutre et du radical OH, constituants de l'eau, délimitent une gamme de longueurs d'onde que les Anglo-Saxons ont baptisée « water hole ». Il s'agit là d'un jeu de mots intraduisible en français : littéralement, « le trou de l'eau », mais aussi « le trou d'eau », ce qu'on appellerait plutôt « le point d'eau ». Et, de même que les animaux de la jungle se retrouvent au point d'eau, il est poétique d'imaginer le rendez-vous radio des civilisations galactiques dans cette plage de longueurs d'onde marquée par l'eau, symbole de la vie !

conçoit alors que la probabilité de détection soit très faible, car il faut à la fois explorer le spectre radio et balayer l'espace pour chercher une émission : il n'est donc pas surprenant que les recherches engagées jusqu'à présent n'aient pas encore abouti.

Du projet OZMA au MegaSETI

En 1960, l'astronome américain Frank Drake lançait le premier programme d'écoute radio, le projet OZMA. Ce nom est celui de la reine d'Oz, pays imaginaire bien connu des jeunes téléspectateurs *(le Magicien d'Oz)*, et il a été choisi pour symboliser la recherche d'une civilisation lointaine et difficile à atteindre : comme quoi on peut être un scientifique fort sérieux et prendre ses références dans la bande dessinée ! Pendant trois mois, Drake utilisa le radiotélescope de 25 m de diamètre de Green Bank pour étudier deux étoiles de type solaire proches de nous (une dizaine d'années-lumière), *Tau Ceti* et *Epsilon Eridani*. Aucun signal ne fut détecté, ce qui n'est pas surprenant pour une première tentative effectuée avec des moyens bien modestes : radiotélescope de taille moyenne, récepteur peu sensible (aux normes d'aujourd'hui), petit nombre de canaux, durée d'écoute limitée.

Depuis, dans le cadre du programme SETI *(Search for Extraterrestrial Intelligence)*, des dizaines de recherches ont eu lieu, portant sur un millier d'étoiles et utilisant les plus grands radiotélescopes, comme celui de Nançay, en France (300 m sur 35 m). Et des projets plus ambitieux sont à l'étude ou en cours de réalisation : la NASA a financé la construction d'un récepteur de 14 millions de canaux (projet MCSA, en français Analyseur de Spectre multicanal), qui permettra d'ici la fin du siècle une recherche exhaustive avec une efficacité accrue de plusieurs ordres de grandeur par rapport aux recherches actuelles. (De façon plus précise, le MCSA permettra de faire en une minute ce que le programme OZMA aurait fait en cent mille ans !)

Le projet MegaSETI associerait un récepteur MCSA au radiotélescope de Nançay, qui, avec ses 7000 m^2 de surface de réception, est l'un des plus grands du monde à ces longueurs d'onde. Après le récepteur se trouve un détecteur de signaux, qui a la tâche formidable d'analyser en temps réel l'énorme volume d'informations pour éliminer les signaux connus, astronomiques ou terrestres, et rechercher LE signal extraterrestre. Le programme prévoit l'observation des 800 étoiles de type solaire situées à moins de 80 années-lumière, de quelques amas globulaires et galaxies proches, et aussi un balayage systématique de tout le ciel, avec une sensibilité réduite, pour ne pas rater un « phare interstellaire » inattendu.

Si ce projet se réalise, l'Europe aura une place de tout premier rang dans l'entreprise internationale de recherche de la vie intelligente hors de notre planète.

Les programmes évoqués ci-dessus ne représentent qu'une petite partie du temps d'utilisation des grands radiotélescopes, et les radioastronomes qui se livrent à ces recherches n'y consacrent eux-mêmes qu'une partie de leur temps. C'est tout à fait logique car, si l'importance de la détection d'un signal n'est pas à démontrer, on ne peut pas garantir que cette détection aura lieu et, en tout cas, il est parfaitement possible qu'on ne trouve rien avant plusieurs décennies encore : il ne serait donc pas raisonnable de consacrer toute une carrière ou tous les moyens coûteux de la radioastronomie à cette seule recherche.

Une solution intéressante, rendue possible par les progrès de l'informatique, consiste à équiper un radiotélescope d'un récepteur auxiliaire consacré au SETI : ainsi, tandis que le radiotélescope poursuit ses programmes « normaux » de recherche, le récepteur SETI capte et analyse de façon autonome le signal reçu d'une zone du ciel plus ou moins voisine de l'objet d'étude principal (cela dépend de la configuration géométrique du radiotélescope) mais parfaitement déterminée. En cas de détection automatique d'un signal prometteur, il y a bien sûr déclenchement d'un appel et, après examen, on peut décider d'interrompre le programme en cours pour se consacrer à ce signal. Ainsi, on augmente à peu de frais le temps consacré au SETI sans empiéter sur les autres programmes astronomiques ; cette technique pourrait facilement s'appliquer à Nançay, notamment pour le projet MegaSETI.

Faut-il chercher pour trouver ?

La question est provocante, mais elle n'est pas aussi absurde qu'on pourrait le penser ! En effet, les pulsars, par exemple, ont été découverts en cherchant tout autre chose, la scintillation interstellaire. Et s'il y a, comme nous le pensons, des signaux artificiels qui circulent dans l'espace, les radioastronomes les découvriront certainement un jour en étudiant les radiosources naturelles.

Une première réponse à la question, c'est qu'il faut au moins que les recherches en radioastronomie continuent, et dans la gamme favorable des ondes centimétriques et décimétriques ; or les recherches « de pointe » se font actuellement surtout en ondes millimétriques, pour des raisons scientifiques d'abord (elles permettent l'étude des molécules interstellaires, sujet très intéressant, notamment pour la bioastronomie), mais aussi conjoncturelles : en effet, la gamme décimétrique est fortement parasitée par les télécommunications et les radars, et les radioastronomes ont bien du mal à défendre d'étroites bandes protégées (théoriquement !). La recherche de signaux extraterrestres peut aider à protéger ces bandes, au moins jusqu'à l'installation d'une base sur la face cachée de la Lune (en espérant qu'il n'y aura pas alors de satellites lunaires de communications...). Ainsi, la recherche d'extraterrestres bénéficierait à la radioastronomie « classique ».

D'autre part, si l'on peut trouver un signal sans le chercher, on a sans doute plus de chance de le trouver en concentrant les efforts vers les formes les plus probables. Et, là aussi, cette recherche amènera probablement à la découverte de signaux naturels imprévus, au bénéfice de l'astronomie.

Notre conclusion sera donc qu'il faut poursuivre à la fois les recherches radioastronomiques générales et les recherches spécifiques de signaux artificiels, chaque ligne de recherche devant faire progresser l'autre par un effet de synergie.

Le dialogue de muets

On nous fait parfois remarquer un illogisme apparent du comportement des astronomes : il y a un bon nombre de programmes d'écoute mais aucun programme d'émission à destination des étoiles. Si toutes les civilisations font comme nous, on arrive à un dialogue, non pas de sourds, mais de muets, et le résultat est le même, pas de contact !

L'argument est sérieux, et il faut y répondre. D'abord, il y a bien eu un programme d'émission : le 16 novembre 1974, pour l'inauguration de la nouvelle surface du radiotélescope d'Arecibo, le plus grand du monde, Frank Drake, encore lui, qui était alors le directeur de l'observatoire d'Arecibo, a envoyé un message donnant sous la forme d'un dessin (v. fig. hors texte p. VII) quelques informations élémentaires sur notre civilisation. Il s'agit là, avouons-le, d'un geste symbolique, car l'émission n'a duré que quelques minutes et n'a pratiquement aucune chance d'être reçue un jour. La vraie réponse est ailleurs : nous sommes encore une civilisation balbutiante à l'échelle galactique. Nos moyens de détection arrivent à un niveau convenable pour écouter d'éventuels messages, mais il est clair que nous n'avons pas encore résolu de façon durable nos problèmes énergétiques et qu'il est donc prématuré de se lancer dans des émissions systématiques, coûteuses en énergie. À l'échelle terrestre, seuls les pays les plus avancés techniquement peuvent se permettre de diffuser des messages à destination du reste du monde. Pour l'instant, nous devons donc rester modestement auditeurs mais, bien sûr, il faudra penser un jour à nous manifester !

Quittons un instant le domaine des télécommunications pour remarquer que la Terre a envoyé dans l'espace d'autres messages, du type « bouteille à la mer ». Le 3 mars 1972, la sonde américaine Pioneer 10 quittait la Terre à destination de Jupiter, pour devenir ensuite le premier objet artificiel à quitter le système solaire. Elle emportait une plaque gravée représentant un couple humain et diverses informations sur l'environnement du Soleil. Le même message fut aussi placé sur la sonde suivante, Pioneer 11. Un message plus élaboré, sorte d'encyclopédie de la Terre sous forme de vidéodisque, a été placé sur les sondes Voyager 1 et 2, lancées en 1979, et qui ont quitté le système solaire après leurs spectaculaires passages près des planètes géantes. Tous ces messages ont un caractère symbolique, car il est très peu probable qu'ils soient interceptés, mais ils témoignent de l'intérêt porté au sujet par les scientifiques comme par les décideurs politiques.

Les signaux involontaires

Il n'est d'ailleurs pas exclu de détecter des signaux émis involontairement. La Terre est actuellement un puissant émetteur d'ondes radioélectriques, les principaux signaux venant des radars militaires et des émetteurs de télévision. Un radiotélescope comme celui d'Arecibo pourrait les détecter à une vingtaine d'années-lumière. En fait, depuis le début du siècle, le système solaire est entouré d'une sphère de messages radio, qui s'élargit à la vitesse de la lumière : elle a déjà atteint des milliers d'étoiles et annonce notre présence.

On peut évidemment penser que notre phase actuelle d'émission bruyante et inefficace ne durera pas : les transmetteurs de télévision sont déjà partiellement en cours de remplacement par des liaisons à fibres optiques et, sur une Terre pacifique, les puissants radars détecteurs de missiles ne seraient plus utiles. Tout cela est vraisemblable, mais l'extension de notre civilisation dans le système solaire imposera des liaisons interplanétaires qui constitueront de nouveaux phares, indicateurs involontaires de notre présence. Si l'on construit des centrales solaires spatiales, chacune transmettant vers le sol une énergie de 10 gigawatts sous forme de micro-ondes, ces centrales seront facilement détectables de loin : si un millième seulement de l'énergie totale est émise vers l'arrière, ce qui serait déjà remarquable, elle sera mesurable dix fois plus loin que les radars actuels.

Les prochains programmes SETI comprendront la recherche de tels signaux involontaires. Cette recherche est moins efficace que celle de signaux volontaires, mais elle a l'avantage potentiel de pouvoir repérer la présence de civilisations même non désireuses de communiquer.

Si l'on détecte un signal

On imagine souvent qu'en cas de contact radio le problème de langage serait considérable. En fait, il n'en est rien car deux civilisations capables d'émettre et de recevoir les mêmes signaux ont déjà beaucoup de choses en commun : la technique radio, d'abord, qui implique un niveau comparable en physique et en mathématique, et aussi des connaissances en astronomie et en biologie, nécessaires pour imaginer l'existence d'autres civilisations.

D'autre part, le message sera codé non pas pour le rendre indéchiffrable, comme le font les services secrets sur la Terre, mais au contraire pour faciliter sa compréhension. Sans entrer dans le détail, nous pouvons imaginer deux types de message, qui peuvent d'ailleurs coexister, permettant de créer un langage commun entre deux civilisations.

La logique mathématique étant nécessaire à toute civilisation technologique, on peut émettre des séries de nombres et les relier par des signes dont un mathématicien comprendra très vite le sens d'après le résultat : addition, soustraction, etc., égalité, classement. De fil en aiguille, on arrivera à exprimer des notions plus complexes, jusqu'à posséder un véritable langage commun.

Certains, il est vrai, ont émis l'objection que des intelligences étrangères pourraient avoir développé des mathématiques totalement différentes, incompréhensibles pour nous. Cela nous paraît difficile à soutenir : on pourrait à la rigueur penser que des êtres gazeux, par exemple, n'élaboreraient d'abord qu'avec difficulté la notion de nombre ; mais, lorsque leur astronomie aurait assez progressé pour détecter les étoiles, cette notion deviendrait utile et évidente. Après tout, le fait que nous vivions dans un espace à trois dimensions ne nous a pas empêché de développer la géométrie d'espaces à quatre dimensions ou plus et, même, d'espaces à dimensions fractionnaires. Remarquons d'ailleurs que, sur la Terre, les différences entre civilisations européenne et asiatique, par exemple, sont considérables et difficiles à surmonter dans des domaines comme le commerce ; lorsqu'on parle mathématique ou physique, par contre, il n'y a aucun problème de communication, et tout le monde parle la même langue.

L'autre approche utilise l'image, de type télévision. Il semble difficile de concevoir une civilisation technologique dont les membres ne soient pas doués d'un sens de la vue : alors, si l'on reçoit un message comprenant deux types de signes seulement (comme les traits et les points du morse) et que le nombre de signes est le produit de deux nombres premiers, tout être doté d'un esprit mathématique devrait avoir l'idée de disposer ces signes sur un tableau à deux dimensions, ce qui fera apparaître une image. On dispose ainsi d'un outil pédagogique extrêmement puissant, qui permet de véhiculer beaucoup d'informations à des interlocuteurs qu'on n'a jamais rencontrés.

En associant ces deux types de message, il ne fait aucun doute pour les scientifiques que le « langage cosmique » sera déchiffré bien plus facilement que ne l'ont été les hiéroglyphes égyptiens. Dans le cas d'un signal involontaire, la situation est évidemment différente : s'il s'agit de programmes de télévision, on est ramené à un cas voisin de celui des civilisations terrestres disparues, et le décryptage est possible, quoique moins facile que celui d'un message intentionnel ; la détection d'impulsions de radars, ou de fuites de centrales solaires, ne contient pas beaucoup d'informations sur la civilisation qui en est responsable ! Mais elle attire notre attention sur la zone d'où provient l'émission, et on peut alors se concentrer sur cette zone pour rechercher d'autres signaux.

N'oublions pas d'ailleurs que le seul fait de recevoir un message d'origine extraterrestre, avant même qu'on ne l'ait déchiffré, contiendrait une information fondamentale, la preuve que nous ne sommes pas seuls dans l'Univers. Cette information suffirait déjà, selon nous, à bouleverser complètement le cours de l'histoire humaine.

Et si l'on ne trouvait rien

Nous entrons tout juste dans l'âge de la communication, et la première tentative d'écoute a trente ans ; que nous n'ayons pas encore trouvé de message extraterrestre n'a donc rien de désespérant. Si par contre, malgré une recherche active, menée avec des moyens toujours accrus, nous n'avions aucun contact dans les quelques prochaines décennies, ce serait un argument sérieux en faveur de la thèse selon laquelle nous serions relativement isolés dans l'Univers. Nous reviendrons sur cette hypothèse à la fin de l'ouvrage, mais nous devons répéter que le « silence radio » actuel n'a (encore) rien d'inquiétant.

CHAPITRE 8

Vers une civilisation galactique

« — *Pourquoi voulez-vous grimper sur cette montagne ?*
— *Parce qu'elle est là !* »

Dialogue avec l'alpiniste Mallory

Les voyages interstellaires sont-ils possibles ?

Il est couramment admis que la théorie de la relativité d'Einstein interdit d'atteindre une vitesse supérieure à celle de la lumière, ce qui est tout à fait vrai, et donc impose à tout voyage interstellaire une durée très longue, incompatible souvent avec notre durée de vie, ce qui par contre est en principe inexact.

Les voyages rapides

Prenons en effet pour exemple celui d'un hypothétique engin futur capable de se propulser pendant plusieurs années avec une accélération égale à celle de la pesanteur à la surface de la Terre, ce qui d'ailleurs serait parfaitement confortable pour des passagers humains.

Dans ces conditions, l'appareil atteindrait la Lune en deux

heures, l'orbite de Mars en deux jours, dépasserait le système solaire en deux semaines et croiserait l'étoile la plus proche, Proxima du Centaure, en deux ans (le premier voyage de Magellan autour de l'univers de son époque, c'est-à-dire de la Terre, a nécessité un laps de temps comparable). Le centre de la Galaxie lui-même, à une distance de 30000 années de lumière, serait atteint en deux siècles. Il s'agit naturellement là de durées vécues par les voyageurs et leurs descendants, ce qui de leur point de vue est certainement le plus important. Des durées bien plus longues s'écoulent simultanément sur la Terre. Dans le cas extrême du centre galactique, les deux siècles pour les passagers correspondent pour leurs congénères restés sur la Terre à plus de 30000 ans !

Les chances de voir un tel engin jamais réalisé sont pourtant des plus faibles. Un tel voyage serait en effet effroyablement coûteux en énergie, même si l'on se bornait plus modestement aux étoiles les plus proches. Supposant hardiment qu'il soit possible de fabriquer et d'utiliser le carburant ultime, un mélange matière-antimatière, le résultat n'est pas moins décourageant : pour une masse utile à l'arrivée de 1000 tonnes, pourtant plutôt modeste, le vaisseau doit contenir au départ près de 35000 tonnes de combustible, dont la fabrication (avec une efficacité présumée de 100 % !) consommerait l'équivalent de l'énergie électrique produite actuellement sur la

Le voyageur de Langevin

La relativité restreinte établit que le temps ne s'écoule pas de la même façon pour un voyageur se déplaçant à une vitesse proche de celle de la lumière et pour ses parents et amis restés à son lieu de départ.

Paul Langevin a illustré ainsi cette loi : il a supposé qu'un voyageur quittait la Terre à une vitesse inférieure de cinq cent-millièmes à celle de la lumière. Au bout d'un an, il rebrousse chemin et revient sur la Terre après un voyage de deux ans dans son « temps propre », mesuré par les horloges de son vaisseau. Il ne retrouve aucun des siens, car la Terre a vieilli de deux cents ans !

Terre pendant 60000 ans ! Il faut donc, semble-t-il, dans l'état actuel de nos connaissances, se résigner à ce que les voyages interstellaires soient très différents de vacances en Espagne ou aux Antilles.

Les physiques exotiques

On peut évidemment toujours espérer un don « divin » de la physique, par exemple l'accès au fameux hyperespace, cher aux auteurs de science-fiction. De telles heureuses surprises se sont déjà produites, le plus bel exemple étant sans doute la révélation par Einstein de la quantité prodigieuse d'énergie contenue dans n'importe quelle poignée de matière, résumée par la fameuse formule $E = mc^2$. Bien sûr, nous n'y avons pour l'instant accès sur la Terre que dans des conditions peu efficaces et éventuellement dangereuses, des centrales nucléaires aux bombes à hydrogène, mais c'est littéralement grâce à cette énergie que nous existons : les atomes de notre corps ont été concoctés dans l'explosion nucléaire finale de myriades d'étoiles, et sans notre bombe H permanente, le Soleil, qui perd à chaque seconde 4 millions de tonnes de matière, intégralement transformées en énergie, les quelque 4 milliards d'années où la vie a pu évoluer sur notre planète tiède et douillette n'auraient pu se dérouler.

Quant au passage par l'hyperespace, il semble bien qu'il doive rester du domaine de la science-fiction : l'idée générale est que, si l'espace est courbé, comme le prévoit la relativité générale, on pourrait emprunter la « ligne droite » au lieu de suivre la courbure comme le fait la lumière ; dans l'analogie classique d'êtres à deux dimensions vivant sur la surface d'une sphère, il s'agirait d'aller d'un point à un autre en coupant par l'intérieur de la sphère au lieu de se déplacer sur sa surface. Un moyen « pratique », souvent cité, consisterait à se jeter dans un de ces fameux *trous noirs* prévus par la théorie et dont l'existence est suggérée indirectement par l'observation : il s'agit d'objets extrêmement denses, résidus de l'explosion en supernova d'étoiles massives (trois à quatre fois la masse de notre Soleil). La gravité y est si forte que même la lumière ne peut s'en échapper, d'où leur nom. Dans ces conditions, ils sont invisibles par définition, mais non indétectables, car ils exercent une forte perturbation sur leur voisinage : par exemple, ils attirent la matière, qui est « aspirée » dans le trou noir pour devenir à jamais invisible ; tout se passe comme si la matière disparaissait de l'Univers. D'où la tentation d'imaginer qu'elle passe ailleurs, dans un autre univers, mais cette notion a-t-elle un sens ? Rien ne nous permet de l'affirmer.

Le passage par un trou noir a d'ailleurs un grave inconvénient pour notre propos : la force de gravité étant gigantesque et croissant très vite à mesure que l'on s'approche du trou noir, il finit par y avoir des différences de gravité entre des points voisins telles que même les molécules, puis les atomes et enfin la matière nucléaire sont brisés. Plutôt qu'un voyage, l'expérience constitue donc un suicide spectaculaire !

Supposons quand même que ce voyage ait un sens : il nous mène peut-être vers un autre univers, mais ce que nous voulons, c'est nous déplacer dans notre propre univers. Il faut alors imaginer qu'on puisse entrer dans un trou noir et ressortir ailleurs, ce qui relève de plus en plus de la pure imagination. Comme nous sommes amateurs de science-fiction, poursuivons le raisonnement : si l'on peut aller d'un point à un autre de l'Univers plus vite que la lumière, la théorie de la relativité montre que le principe de causalité qui sous-tend toute physique concevable se trouve violé ; on aboutit alors à un paradoxe analogue à celui du voyage dans le passé, souvent traité par les auteurs de science-fiction et qui n'a pas de solution : si le voyageur, par exemple, tue sa mère avant sa propre naissance, il n'a pas pu naître ni, donc, accomplir son crime, etc. La seule échappatoire logique consiste à imaginer des univers parallèles où l'individu n'agit jamais dans son propre passé, mais dans celui d'un univers voisin, qui devient alors différent de son univers d'origine.

Le résultat de ces considérations échevelées, c'est que même l'imagination la plus débridée, si on la soumet au crible de la raison, ne nous donne pas d'espoir de « raccourci », et que les voyages interstellaires devront emprunter la classique ligne droite.

Les voyages lents

Dans ces conditions, les voyages rapides resteront sans doute d'un coût énergétique exorbitant ; par contre, les déplacements lents — relativement : quelques centièmes de la vitesse de la lumière —, près de dix mille fois moins gourmands en énergie, apparaissent possibles. La durée du trajet, pour les étoiles les plus proches, se mesurera alors en siècles. La dépense énergétique, encore formidable, devrait être à la portée d'un civilisation alors largement répandue dans le système solaire, présente sous la forme de robots évolués dans des environnements hostiles à l'homme, mais riches en ressources naturelles, comme l'orbite de Mercure, pour y établir des centrales solaires géantes, ou la surface de Jupiter, pour y récupérer l'hélium 3 comme combustible de fusion.

Notre technologie n'en est pas là non plus, il s'en faut de beaucoup, mais déjà de nombreux concepts préfigurent ce que pourraient être des vaisseaux interstellaires d'après-demain. Tous les modes de propulsion actuellement utilisés à partir de la Terre s'y trouvent d'ailleurs représentés, quoique hardiment transformés sur des échelles géantes !

La fusée nucléaire

La fusée nucléaire est un réservoir de centaines de milliers de mini-bombes H, larguées à quelque dix mètres en arrière avant d'exploser. À chaque tir — toutes les 3 secondes —, les particules issues de l'explosion nucléaire frappent une « plaque de poussée » qui transmet leur impulsion au vaisseau par l'intermédiaire d'« amortisseurs de choc ». Une mince pellicule de la plaque est vaporisée lors de l'explosion. C'est là, semble-t-il, le premier engin « réaliste », capable en principe d'effectuer un voyage interstellaire, qui ait été proposé, en l'occurrence par le physicien F. Dyson dans les années cinquante.

La voile interstellaire

Un canon, imaginé lui aussi sous sa première forme par F. Dyson, projette un faisceau laser surpuissant, obtenu à partir de centrales solaires situées non loin de l'orbite de Mercure, pour accélérer une voile réflectrice de 1 000 km d'envergure. Dans la version ultérieure due à R. Forward, et pour augmenter la faible poussée conférée par les photons, une lentille de Fresnel (une série de zones circulaires en plastique ultramince alternant avec des zones vides), également d'un diamètre de l'ordre de 1 000 km et placée entre l'orbite de Saturne et celle d'Uranus, concentre la lumière sur la voile. Pour résoudre le difficile problème du ralentissement en fin de trajet, la voile serait en fait construite en deux parties concentriques, l'une extérieure de 1 000 km de diamètre, l'autre intérieure, trois fois plus petite. À l'arrivée près de l'étoile visée, il suffirait de détacher la voile extérieure et de rallumer le laser, resté bien sûr dans le système solaire. La pression de radiation de la lumière laser réfléchie par la grande voile extérieure sur la petite voile intérieure ralentirait cette fois l'engin, qui pourrait réaliser un rendez-vous en douceur avec un nouveau système planétaire, tandis que la grande voile continuerait à accélérer vers l'infini. Le principe semble correct mais, on le sent bien, l'application pratique n'est pas encore pour demain. Une objection grave vient d'ailleurs à l'esprit : dans ce système, la propulsion du vaisseau dépend entièrement d'installations situées dans le système solaire, qui doivent fonctionner pendant des dizaines, voire des centaines d'années.

Les voyageurs feront-ils confiance à ces installations, ou même à ceux qui en auront la charge et avec lesquels ils n'auront pratiquement aucun contact ? Il nous semble que la technique des voiles sera plutôt réservée à des sondes automatiques qu'à des vaisseaux habités.

L'avion à réaction

L'avion à réaction est encore plus futuriste. Il utilise une structure magnétique grande comme une planète pour rassembler les rares atomes d'hydrogène de l'espace interstellaire dans un moteur central où des réactions de fusion engendrent un plasma chaud dont l'éjection propulse l'engin. Il faut remarquer que la densité moyenne de ces atomes est très faible, de 0,1 à 0,2 atome par centimètre cube dans le voisinage solaire. Mais les atomes ne sont pas répartis uniformément : on les trouve surtout dans des filaments plus denses, contenant de 2 à 5 atomes par centimètre cube, et ces filaments sont répartis dans tout le plan galactique. La trajectoire de l'avion à réaction ne ressemblera donc pas à une autoroute, mais plutôt au franchissement d'une rivière à gué, en sautant de pierre en pierre : la propulsion sera efficace tant qu'il sera dans un filament dense, où il trouvera du carburant pour accélérer, et le reste du temps, soit environ 95 %, il « filera sur son erre », jusqu'à l'arrivée dans le prochain filament.

La fusée à antimatière

La propulsion par annihilation matière-antimatière a bien sûr été proposée. C'est, *a priori*, une solution excellente dont on pouvait dire, il y a quelques années, qu'elle n'avait que trois inconvénients : l'antimatière doit être fabriquée par une technique actuellement inconnue, stockée en toute sécurité par une technique inconnue, et transformée en force propulsive par une technique... inconnue. On est encore très loin d'avoir résolu ces trois problèmes, mais des progrès spectaculaires ont été accomplis.

Le CERN, à Genève, produit couramment de très petites quantités d'antimatière, stockées, non sans peine et avec un rendement ridicule, dans des « bouteilles » magnétiques. L'intérêt militaire est considérable, il suffirait d'un millième de milligramme d'antimatière pour amorcer un bombe H « propre », et ce n'est qu'une des nombreuses applications possibles dans ce domaine. Le stockage d'aussi petites quantités se fait par lévitation magnétique et électrostatique, mais ce serait très incommode pour une masse importante de combustible. Plusieurs concepts séduisants ont été avancés : il pourrait s'avérer possible de stocker de l'antimatière dans un cristal de matière ordinaire où les antiprotons prendraient la place des électrons. Il est également imaginable que, comme les électrons, les antiprotons puissent survivre indéfiniment au centre d'une bulle d'hélium liquide, voire que l'on puisse les incorporer dans un métal sous forme de paires supraconductrices, qui deviendraient alors incapables de s'annihiler spontanément. Une autre possibilité serait de réaliser une boule de neige d'antihydrogène — le plus simple des antiatomes, composé d'un antiproton et d'un antiélectron — et de la maintenir dans un récipient par lévitation magnétique ou optique, sous fort vide et à très basse température. Beaucoup de conditionnels, on le voit, mais donc aussi beaucoup de voies *a priori* non impossibles, et activement explorées de surcroît.

Quant à la force propulsive potentielle d'un tel combustible, elle est considérable : la réaction d'annihilation d'un gramme d'antimatière avec un gramme de matière libère la même quantité d'énergie que la combustion de 20000 tonnes du mélange hydrogène-oxygène, une des plus efficaces réactions chimiques connues. L'avantage potentiel par rapport à la (future) fusée à fusion thermonucléaire est moins grand, mais s'élève encore à un facteur de l'ordre de cent. L'énergie libérée par la réaction proton-antiproton l'est principalement sous la forme d'une quantité colossale de particules chargées, les *pions*. Dirigé par un champ magnétique, un faisceau de telles particules, injecté dans une minuscule tuyère de sortie, peut être accéléré pratiquement à la vitesse de la lumière et propulser l'engin. Il faut faire vite toutefois, la durée de vie des pions n'étant que de 26 milliardièmes de seconde.

Il n'est d'ailleurs pas nécessaire d'utiliser un mélange à quantités égales de matière et d'antimatière dès lors que l'on renonce à l'idée d'effectuer des voyages ultra-rapides. R. Forward a ainsi calculé qu'un kilogramme d'antimatière et 20 tonnes d'eau constitueraient une combinaison optimale pour expédier un véhicule de 10 tonnes sur Pluton en un mois. Curieusement, la même quantité d'eau, mais cette fois-ci propulsée par 100 kilogrammes d'antimatière, enverrait la même sonde à 10 % de la vitesse de la lumière vers *Proxima* du Centaure, qui serait atteinte en moins de cinquante ans.

Il faudra sans doute encore de nombreuses années pour voir la propulsion par annihilation matière-antimatière devenir une réalité car son prix de revient par les accélérateurs de particule actuels est effrayant, par la faute de rendements énergétiques lamentables, de l'ordre d'un millionième seulement. Il n'est pas invraisemblable d'espérer atteindre un jour, avec un système spécialement conçu pour cela, qui pourrait être un accélérateur linéaire d'une centaine de kilomètres de long bombardant une cible en tungstène, un rendement « élevé », de l'ordre de un pour dix mille. L'antimatière aurait alors un coût de revient apparemment très important encore, d'environ soixante millions de francs le milligramme, mais serait quand même devenue le combustible de propulsion le plus économique qui soit ! On le voit, les contraintes techniques et économiques sont loin d'être négligeables, mais tout au moins les lois physiques ne s'opposent pas, semble-t-il, à l'emploi futur de l'antimatière.

Au lieu de fabriquer, à grands frais, cette coûteuse antimatière, il serait fort intéressant d'en trouver une mine naturelle et de l'exploiter, avec de grandes précautions, il est vrai ! Des résultats astrophysiques récents n'autorisent pas de grands espoirs. Il n'est pas impossible en effet qu'une partie de l'Univers visible soit constituée d'antimatière, mais il ne peut y avoir cohabitation à l'intérieur de notre galaxie car, bien que les collisions entre étoiles soient rarissimes, les rencontres entre particules issues de ces étoiles sont beaucoup plus fréquentes. Si certaines étoiles, et donc les particules qui en proviennent, étaient formées d'antimatière, les réactions d'annihilation produiraient un flux de rayonnement gamma important, que détecteraient nos satellites astronomiques observant dans ces longueurs d'onde ; nous sommes même quasiment certains que non seulement notre galaxie mais aussi les dizaines de milliers d'autres galaxies appartenant à notre voisinage, le superamas de la Vierge, sont constituées de matière ordinaire. S'il en était autrement, nous détecterions de la même façon les réactions d'annihilation à grande échelle entre galaxies en interaction : on connaît en effet de nombreux cas de collision entre galaxies, phénomène qui n'a rien de catastrophique — car les étoiles, très clairsemées dans chaque galaxie, ne se heurtent pas — mais qui se traduit par un choc frontal entre les gaz interstellaires des galaxies. S'il y a des galaxies d'antimatière, elles sont donc situées à des distances inaccessibles, se chiffrant en centaines de millions d'années de lumière.

Dans quelques siècles, une ou plusieurs des techniques esquissées ci-dessus arrivera sans doute à maturité. Ne nous faisons pas trop d'illusions, les vaisseaux interstellaires réels seront probablement aussi éloignées des concepts exposés ici que l'engin volant de Léonard de Vinci l'est des avions à réaction actuels ! Les études « sur papier », dont nous avons donné ci-dessus quelques exemples, ont l'intérêt d'ouvrir de nombreuses voies prometteuses, et l'on peut raisonnablement penser que plusieurs d'entre elles aboutiront un jour.

Aspects sociologiques

On peut aussitôt objecter qu'il ne suffit pas que des engins interstellaires soient possibles pour qu'ils soient effectivement réalisés. Pourquoi, après tout, gaspiller une part non négligeable des ressources du système solaire pour une entreprise dont la race humaine ne pourra bénéficier que de nombreuses générations plus tard ? On imagine mal en effet un politicien baser sa campagne électorale sur une mission interstellaire, et sans doute encore plus mal qu'il soit alors élu. Les lenteurs, les reculs même de l'occupation de notre espace immédiat — la Lune n'a été atteinte dans les années 60 que pour être abandonnée presque aussitôt — témoignent éloquemment de la vérité contenue dans cette objection.

Mais c'est là, pensons-nous, sous-estimer l'immense variété de sociétés radicalement différentes que permettra la diaspora humaine dans le système solaire. Même si se développent alors de nombreuses civilisations hédonistes, telle une Terre ultra-décadente, autre thème fort prisé des écrivains de science-fiction, ou bien contemplatives et mystiques, et qui ne s'intéressent en rien aux étoiles de l'espace, il en suffira d'une pour tenter le grand voyage. Le coût fabuleux de l'entreprise ne doit pas non plus trop effrayer. Déjà, avec notre technologie actuelle, les coûts ne sont en fait pour leur majeure partie que ceux du temps humain investi. L'accès à des robots évolués et à des systèmes de plus en plus performants d'intelligence artificielle, nécessaires de toute façon pour la première phase d'expansion interplanétaire, devrait les rendre finalement très supportables.

Même s'il devient techniquement et économiquement faisable, on pourrait cependant arguer que le voyage interstellaire aussi lent, s'étirant sur plusieurs siècles, constitue une entreprise finalement assez peu attirante. Ce pessimisme a en tout cas atteint beaucoup d'auteurs de science-fiction dans leur description d'un de leurs archétypes favoris, les immenses vaisseaux-colonies. Ce sont de petits univers clos, en général de quelques centaines d'âmes, peut-être parce que c'est la taille des plus petites unités autonomes génétiquement et socialement que l'on trouve dans les civilisations de chasse et de cueillette. La première génération quitte le système solaire à jamais, vingt générations peut-être se succèdent qui ne connaîtront que le vide de l'espace interstellaire ; la dernière, adaptée de gré ou de force à son petit monde autonome, se retrouve dans l'obligation de plonger dans le puits de gravité d'une planète, sans aucune envie de le faire. Un thème récurrent est alors le navire-étoile dont l'équipage a perdu toute notion de sa mission, et s'est replié dans son espace clos, même si le vaisseau s'est déjà automatiquement posé sur une planète ! Une variante sardonique fait accueillir les voyageurs par leurs descendants qui, progrès aidant, ont accompli le même voyage en dix fois moins de temps et s'extasient sur le courage de ces hardis pionniers.

Le scénario que nous avons développé au chapitre 5 échappe, croyons-nous, aux critiques précédentes. Ce n'est pas un vaisseau de 500 âmes qui quitte le système solaire, mais une flottille d'une dizaine de vaisseaux abritant chacun 3000 personnes. Dès lors, les problèmes de société qui peuvent naître dans un des vaisseaux sont portés à la connaissance des autres équipages, et ceux-ci peuvent réagir en apportant une aide, au premier chef morale, à leur solution. À l'arrivée, il n'est pas question de plonger dans le puits de gravité d'une planète, sans aucune envie de le faire. Les voyageurs restent dans leurs vaisseaux et construisent rapidement de vastes cités spatiales à partir des matériaux d'une ceinture d'astéroïdes. L'équipage d'un vaisseau ne peut avoir perdu le sens de sa mission :

les habitants des autres vaisseaux sont là pour le lui rappeler, et de toute façon les émissions de télécommunication laser ou radio depuis la Terre insistent constamment sur l'importance du voyage pour l'humanité. Enfin, les équipages, lorsqu'ils parviennent à destination, n'ont pas la surprise d'être accueillis par leurs descendants qui ont accompli le voyage plus vite : tout voyage interstellaire leur est signalé à la vitesse de la lumière et comporte, sauf extraordinaire, une autre destination que la leur.

De fait, le concept de navire immense a surtout l'intérêt de montrer, par simple extrapolation de notre présente technologie, que cette entreprise sera bientôt possible. Les investissements humains et matériels nécessaires restent cependant considérables, et il est intéressant d'explorer de nouvelles voies, qui peut-être se révéleront finalement beaucoup plus séduisantes.

L'hibernation

L'idée, largement popularisée, de l'équipage en hibernation est *a priori* une amélioration potentielle de l'économie d'un tel projet. Mais est-ce possible pour un être aussi complexe que l'homme ? Le fait que quelques centaines de mourants aient opté pour être plongés dans l'azote liquide à 77 K (— 189 °C), comme le leur offrent des sociétés privées américaines depuis une vingtaine d'années, et ce dans l'espoir d'une hypothétique future résurrection, ne doit pas faire illusion sur l'avancement de cette technique. Il suffit de faire l'expérience beaucoup plus modeste de goûter des mûres sorties du congélateur. Le triste résultat témoigne éloquemment de l'effet destructeur irréversible des cristaux de glace sur les cellules après un fort refroidissement sans précautions particulières.

Cependant, la découverte accidentelle de l'effet protecteur de la glycérine en 1949 permet maintenant une conservation quasi indéfinie d'éléments simples comme les spermatozoïdes et les ovules, y compris humains. Certains tissus, comme la peau et le sang, peuvent également être stockés de façon prolongée, mais nous sommes encore loin de pouvoir le faire pour des organes entiers, comme le foie ou le rein. Conserver ainsi notre organisme entier apparaît comme un problème encore plus formidable ! Un espoir est né, il est vrai, au début des années cinquante, lorsque pour la première fois il est apparu qu'une espèce de vertébré (en l'occurrence plusieurs variétés de grenouilles), donc un cousin proche de nous en terme d'évolution, survivait de façon régulière à des températures en dessous de 0 °C. Une grenouille congelée est effectivement un spectacle assez remarquable : cessation complète de la respiration et des battements de cœur et, en fait, disparition de tout signe apparent de vie. Réchauffée lentement, elle reprend pourtant une activité complète en quelques jours.

Les mécanismes de protection complexes mis en œuvre par ces batraciens, en particulier l'accumulation de glucose dans le sang, sont maintenant assez bien connus, mais les tentatives d'application de stratégies similaires à des cellules de mammifères se sont révélées décevantes. Il ne faut pas oublier non plus que ces grenouilles ne résistent qu'à des froids modestes, de — 4 °C environ, alors qu'il semble bien que des températures beaucoup plus basses soient une condition préalable à tout espoir d'hibernation sur des décennies.

On voit que l'hibernation appliquée au voyage interstellaire, si elle est séduisante pour des écrivains de science-fiction en supprimant les temps morts avant l'excitante rencontre d'un nouveau système planétaire, reste, sur le plan pratique, encore bien problématique. Pour autant que nous le sachions, aucun principe physique ne semble cependant s'y opposer totalement, et ce pourrait être un premier moyen pour rendre plus aisé et moins coûteux le voyage interstellaire en diminuant de façon importante la masse nécessaire pour maintenir un équipage en vie.

Les robots colons

En continuant sur cette voie, on peut cependant franchir hardiment un pas de plus et faire effectuer la colonisation interstellaire essentiellement par des robots. Ces robots seront intelligents, car les délais de transmission avec la Terre sont trop longs pour qu'on puisse leur dicter leur conduite au jour le jour, autoréparateurs, car la durée des trajets est trop longue pour espérer l'absence de dégradations, et autoreproducteurs (c'est-à-dire se reproduisant en prélevant de la matière et de l'énergie dans leur environnement) parce que c'est de loin la façon la plus efficace de réduire au minimum la précieuse et coûteuse masse déplacée d'un soleil à un autre. Ces êtres ne sont autres que les robots de von Neumann (v. encadré), déjà, et pratiquement pour les mêmes raisons, nécessaires pour la colonisation du système solaire. Définis ainsi, ce sont presque des être vivants comme nous mais qui, eux, pourront être dès leur construction parfaitement adaptés à la vie dans l'espace interstellaire, ce qui n'est pas notre cas, et pour cause, après quatre milliards d'années d'évolution sur une planète.

Construit par des robots, tirant à l'origine son énergie de centrales (solaires, à fusion ou autres) également construites par des robots, mené par des robots et, de fait, robot lui-même, tel apparaît alors le vaisseau interstellaire.

Parvenu à destination, le vaisseau, nous le savons, n'aura pas pour première priorité de se poser sur une planète, et du reste ne le pourrait pas de toute façon. L'urgence sera d'exploiter les ressources les plus aisément accessibles : astéroïdes, énergie solaire,

Les robots de von Neumann

Le mathématicien américain d'origine hongroise Johannes von Neumann a écrit notamment en 1944 *la Théorie des jeux et du comportement économique*. Il a imaginé également le concept d'usine non seulement automatique, mais aussi reproductrice. De telles usines permettront une croissance exponentielle tant que les matériaux de base et l'énergie seront disponibles. Elles seront déjà fort utiles sur la Terre et indispensables dans l'espace, notamment sur la Lune, où elles utiliseront l'énergie solaire et les matériaux lunaires, limitant ainsi le transport depuis la Terre, au coût prohibitif, au strict minimum nécessaire à l'installation de la première usine.

combustible de fusion autour des planètes géantes, pour y créer de nouvelles bases-vie. Y faire parvenir des hommes, si toutefois cela est jugé nécessaire, ne nécessite en principe de déplacer que quelques dizaines de kilogrammes de métal protégeant des ovules et des spermatozoïdes congelés des mutations par rayons cosmiques. Certes, une couveuse automatique pour humains, sans parler de parents nourriciers et éducateurs artificiels, n'est pas actuellement à notre portée, mais les problèmes techniques qu'elle pose, si difficiles soient-ils, devraient être résolus bien avant ceux que pose le voyage interstellaire lui-même. Nous concevons cependant que certaines sensibilités soient heurtées par ces perspectives.

Duplication à distance

Un embryon humain est unique et entièrement déterminé par son code génétique. La lecture complète de ce code est déjà à notre portée et sera entièrement réalisée dans une vingtaine d'années tout au plus. Un code n'est rien d'autre que de l'information, et, comme on l'a vu au chapitre précédent, l'information pure, contrairement à la matière, se transporte aisément d'une étoile à l'autre, à la vitesse maximale physiquement possible — celle de la lumière — et à un coût énergétique minimal. Il est donc, en principe, envisageable que l'on se contente de transmettre le code, pour reconstruire un embryon humain à distance, par des techniques, il est vrai, actuellement hors de notre portée.

On pourrait même se demander s'il ne serait pas possible un jour de transporter également la somme des acquis mémoriaux d'un être humain et de dupliquer ainsi, à la vitesse de la lumière, un « voyageur » d'un bout de la Galaxie à l'autre, pourvu toutefois que, par les méthodes infiniment plus lentes esquissées ci-dessus, on y ait d'abord transporté un récepteur. Un tel transmetteur, autre enfant chéri de la science-fiction, ne semble pas opposé aux lois de la physique. Le phénomène de la mémoire est, lui, encore quasi inconnu au niveau de son support biologique, et nous ne pouvons savoir s'il sera possible un jour de dérouler ainsi le grand livre de la mémoire puis de le réinscrire dans un autre corps.

La colonisation galactique est-elle à notre portée ?

Quand les premières étoiles seront atteintes, le processus d'essaimage pourra facilement se répéter. Dans des conditions de « frontière », comme l'histoire en a connu souvent sur Terre, la conquête de l'Ouest par les Américains du Nord par exemple, un rapide accroissement de la population est la règle. Une population modeste, de l'ordre de quelques milliers d'âmes à l'origine, peut alors s'élever à quelques milliards d'individus en quelques siècles : on retrouve l'ordre de grandeur du temps qu'il a fallu à l'origine pour acheminer la colonie. Les mêmes ressources que dans le système solaire sont facilement accessibles : l'énergie venant du Soleil, les gaz légers des planètes géantes, les matériaux de construction d'astéroïdes et de comètes. Là encore, le pullulement humain, quoique tout à fait envisageable, n'est nullement indispensable : les robots de von Neumann peuvent encore plus rapidement se multiplier et, en quelques dizaines d'années seulement, établir la base de construction et de lancement de nouvelles fusées interstellaires.

On peut donc envisager une colonisation progressive de notre galaxie, se répandant comme une « épidémie ». Des durées très faibles à l'échelle de l'âge galactique, soit 15 milliards d'années environ, apparaissent alors de façon surprenante : même dans l'hypothèse lente où l'intervalle entre deux vagues successives est de quelques siècles, l'extrémité opposée de la Galaxie pourra être atteinte en quelques millions ou quelques dizaines de millions d'années seulement. Si l'on suppose, de façon plutôt pessimiste, que chaque colonie n'entreprenne en fait que deux essaimages réussis, c'est plus qu'il n'en faut pour occuper dans ce « court » laps de temps la plupart des 100 milliards d'étoiles du disque galactique. On voit que la Galaxie tout entière apparaît ainsi à notre portée !

Risques techniques

Cette vue prométhéenne du devenir humain ne fait pas l'unanimité, loin de là. Une première série d'objections porte sur les dangers potentiels inhérents au voyage interstellaire. Un vaisseau lancé à, disons, 6000 km/s va en effet rencontrer des particules de poussière qui vont se comporter comme autant de projectiles. Une pierre de 100 grammes aura alors une énergie cinétique équivalente à celle de l'explosion de 400 tonnes de TNT ! Il nous est difficile d'estimer la probabilité de rencontre d'un tel mini-astéroïde. En effet, paradoxalement, nous connaissons fort bien le contenu de l'espace interstellaire en poussières très petites, de l'ordre de 1 millième de millimètre de diamètre, parce qu'elles absorbent fortement la lumière des étoiles, mais très mal celui de l'espace en ces hypothétiques gros objets qui sont tout à fait indétectables par les techniques actuelles.

Cependant, même si ces cailloux ou ces roches se révélaient assez nombreux pour être gênants, il est douteux que ce soit considéré comme un problème sérieux, surtout dans plusieurs siècles : des radars traditionnels ou des lasers travaillant en mode radar (les *lidars*) détecteront les objets dangereux, qui seront automatiquement pulvérisés par des canons à antimatière ; l'étude de ces canons à particules, qui projettent dans l'espace à une vitesse proche de celle de la lumière non de l'hydrogène mais de l'antihydrogène, est actuellement effectuée aux États-Unis.

Le seul autre danger direct semble être le bombardement constant de rayons cosmiques, dont nous sommes partiellement protégés sur la Terre par un « parapluie » magnétique et par les gaz de l'atmosphère. Ce n'est pas *a priori* un phénomène négligeable : les astronautes perçoivent régulièrement des phénomènes lumineux qui trahissent le passage d'un rayon cosmique dans leurs hémisphères cérébraux, laissant sur sa trajectoire une cohorte de neurones détruits.

Mais la protection contre les rayons cosmiques aura été étudiée au tout début de l'expansion spatiale, lors de la conception des premières îles de l'espace en orbite autour de la planète d'origine. Dans le cas de la Terre, O'Neill a calculé que les cités spatiales de *Lagrangia* seraient efficacement protégées par l'épaisseur de roches de deux mètres qui de toute façon tapissera leurs parois. Il est probable que cette épaisseur sera suffisante dans presque toute la Galaxie.

Risques psychologiques

Si le voyage interstellaire lui-même résiste à l'examen critique, que penser de l'expansion continue dans la Galaxie ? On peut objecter que bien des civilisations de l'intérieur perdront tout intérêt pour ces aventures titanesques et se replieront vers d'autres buts, esthétiques ou moraux par exemple. C'est effectivement tout à fait possible, mais il suffit que les mondes frontières conservent l'esprit d'ouverture pour que la colonisation globale avance, à peine ralentie. Pour une civilisation couvrant des systèmes solaires tout entiers, des millions de groupes auront la possibilité d'ouvrir la voie interstellaire. Ce qui serait invraisemblable, c'est que pas un seul de ces groupes, sur plusieurs milliers de générations, ne reprenne le flambeau !

Les robots fous

Si la colonisation est effectuée par des robots, un autre type de danger le menace : étant trop proches des êtres vivants, les robots de von Neumann ne pourront pas sans doute se comporter comme des mécaniques parfaites. Comme pour les être vivants, leurs processus de réplication comporteront nécessairement des mutations incontrôlées, des erreurs. On pourrait alors craindre l'apparition de robots fous, comme les *berserkers* de F. Saberhagen, qui parcourent la Galaxie pour exterminer toute trace de vie humaine. Qu'un tel risque existe est certain. Il est sans doute possible d'y parer dans une certaine mesure, mais il paraît difficile d'éliminer totalement les mutations dangereuses ; il est par contre tout à fait concevable de faire en sorte qu'elles soient *a priori* incompatibles avec l'existence même du robot. Ce mécanisme de défense naturelle est d'ailleurs largement présent sur la Terre, où la plupart des mutations profondes, lorsque le hasard les fait apparaître, ne conduisent pas à des êtres viables ou capables de se reproduire, ce qui évite l'envahissement du monde vivant par des « monstres ».

Le grand silence

Parvenus à cette étape de notre spéculation, nous voyons émerger deux conclusions, du moins à titre provisoire. D'une part, l'Univers est littéralement tapissé de planètes, beaucoup sont propices à la vie, et l'on peut penser que les mêmes forces qui ont au cours des âges mené à notre apparition ont parsemé notre galaxie de bien d'autres civilisations avancées. D'autre part, à l'échelle relativement minuscule de quelques siècles, l'accès aux étoiles proches puis, dans des délais plus longs mais encore infimes par rapport à l'âge de la Galaxie, l'accès à la totalité du disque d'étoiles galactique nous paraissent possibles.

Mais, si la Galaxie tout entière est à notre portée, s'il y existe de très nombreuses civilisations analogues à la nôtre — dont, sauf hasard incroyable, beaucoup disposant d'une technologie supérieure — pourquoi ne se sont-elles pas déjà manifestées clairement ? Pourquoi n'avons-nous pas connaissance de leurs vaisseaux interstellaires ni de leurs robots autoreproducteurs ? Énoncé pour la première fois en 1950 par le grand physicien italo-américain Enrico Fermi au cours d'un déjeuner à la cafétéria du laboratoire de Los Alamos (où la première bombe atomique a été réalisée), repris par de nombreux auteurs dont Hart et Tipler, c'est le dilemme du « grand silence », que nous avons mentionné dès notre introduction.

Le débat autour de ce paradoxe déjà ancien fut et reste fort animé, parfois même un peu trop ! De nombreuses hypothèses ont été avancées pour expliquer cette absence, au moins apparente, de civilisations extérieures (ou CE), dont un échantillon ordonné par présence croissante des extraterrestres est donné ci-dessous, avec nos commentaires.

1. Il n'y a pas de CE, nous sommes seuls. Cette hypothèse, nous l'avons vu dans la première partie, paraît fort improbable.

2. Il y a des CE, mais les voyages interstellaires sont trop chers, et peut-être trop dangereux, pour que ces civilisations les entreprennent (Drake, 1980). Cette éventualité nous paraît plausible.

3. Il y a des CE, les voyages interstellaires sont possibles, mais la colonisation galactique s'effectue très lentement, si bien que le système solaire n'a pas été atteint (Newman et Sagan, 1981). Nous ne pouvons écarter cette hypothèse.
4. Il y a des CE, elles nous connaissent, nous ne les intéressons pas. Nous n'adhérons guère à cette hypothèse. Même si elle est jugée inférieure par d'autres civilisations, la nôtre doit les intéresser comme les civilisations primitives nous intéressent.
5. Il y a des CE, elles nous étudient discrètement en prenant garde de ne pas nous influencer. C'est l'hypothèse du « zoo galactique » (Ball, 1973), dont nous présentons une variante au chapitre 5.
6. Il y a des CE, elles nous étudient et interviennent discrètement dans nos affaires, en particulier sous forme d'OVNI. Une telle forme d'intervention est envisagée à la fin du chapitre 5.
7. Il y a des CE, elles ont dès l'origine influencé la vie terrestre et nous ont créés. Diverses variantes de cette hypothèse expliquent que nous ne les voyions pas.

— La vie pourrait, en principe du moins, être parvenue sur Terre, implantée à dessein par une civilisation avancée. Telle est la thèse défendue par le prix Nobel Francis Crick dans son ouvrage *La vie vient de l'espace*. Nous-mêmes déjà, malgré une technologie encore balbutiante, pourrions tenter une opération semblable en expédiant des microspores lyophilisées par une explosion dans l'espace suffisamment forte pour qu'une proportion faible, mais suffisante d'après les calculs, atteigne les étoiles les plus proches en quelques milliers d'années. Cette façon originale et relativement bon marché de jouer les démiurges a déjà été proposée à une agence spatiale !

— Un coup de pouce discret, tel celui imaginé par Arthur C. Clarke dans *2001, l'Odyssée de l'espace*, pour animer la flamme de l'intelligence dans une espèce de grands singes plus prometteuse que les autres, n'est pas non plus absurde, même si, là non plus, il n'y a pas l'ombre d'un indice que cela se soit réellement passé ainsi.

— Par contre, l'idée saugrenue que nous-mêmes serions justement des extraterrestres qui, par suite de quelque catastrophe, auraient perdu après un atterrissage forcé leur héritage technologique, dont le souvenir vague ne persisterait que dans des légendes comme la puissante civilisation des Atlantes ou les dieux grecs possesseurs de la foudre, peut être totalement écartée. De fait, nous sommes issus de cette Terre, les os de nos prédécesseurs y sont enterrés, et notre parenté génétique avec tous les êtres vivants qui y ont vécu, jusqu'à la plus humble bactérie, est patente. Notre code génétique est commun à la quasi-totalité des êtres vivants, si simples ou archaïques qu'ils soient, de la bactérie à l'homme, en passant par le ver de terre. Nous sommes bien les enfants de la Terre.

Et si le grand silence cessait ?

Il est possible d'imaginer qu'une CE implantée dans la banlieue du Soleil, dans la ceinture d'astéroïdes par exemple, prenne un jour contact avec nous de façon manifeste. Quelles précautions devraient prendre les Terriens pour tirer de ce contact le parti le meilleur sans subir le choc culturel qui leur ferait perdre leur identité ? Un des deux documents obtenus de la National Security Agency (NSA) au titre du « Freedom of Information Act » (v. chapitre 6) évoque cette question et y répond de façon intéressante. La NSA a précisé que ce document, daté de 1968, n'engageait que la responsabilité de son rédacteur. Analysons-le : l'auteur part de l'observation que, dans l'histoire de l'humanité, certains peuples présentant un retard technologique ou culturel sur d'autres avec lesquels ils se sont trouvés en contact ont réussi à maintenir leur identité tout en gommant leur retard. Le Japon est cité comme un excellent exemple et ses méthodes sont proposées à la réflexion :

1. acceptation lucide de la nature et de l'étendue du retard ;
2. solidarité nationale totale dans les relations avec l'autre civilisation ;
3. relations contrôlées et limitées avec cette civilisation ;
4. attitude correcte et amicale envers elle ;
5. vif désir national de connaître les forces et les faiblesses de

l'autre, ce qui implique l'immersion chez lui de groupes et d'individus sélectionnés ;
6. adoption du maximum possible d'éléments de supériorité de l'autre, aussi vite que possible, tout en protégeant l'identité nationale par une intégration soigneuse de chaque connaissance nouvelle dans la culture nationale.

Il est clair qu'un chemin important reste à accomplir à l'humanité pour qu'elle puisse mettre en œuvre ces préceptes. Mais la voie vers une civilisation mondiale solidaire est bien tracée.

Recommandations en guise de conclusion

Dans un article publié par *Science* en 1977, Kuiper et Morris firent le raisonnement suivant : ou bien N, le nombre de civilisations techniquement évoluées présentes dans la Galaxie, est très petit, ou il ne l'est pas. Si N est très petit, le SETI a peu de chances d'aboutir. S'il n'est pas très petit, la Galaxie est tout entière colonisée. Dès lors, les civilisations extraterrestres, qui communiquent sans doute entre elles, ont les moyens de nous approcher si elles le souhaitent. Il est donc douteux qu'elles émettent vers nous depuis leur planète d'origine. Dans ce cas aussi, le SETI a peu de chances d'aboutir. Ainsi, en toute hypothèse, le SETI ne mérite pas de grands efforts.

Nous ne partageons pas cette analyse. La colonisation galactique en quelques dizaines de millions d'années n'est peut-être pas inéluctable. Ses difficultés et sa durée peuvent nous être mal connues. Nous l'avons vu au chapitre précédent.

Nous recommandons donc que l'on poursuive le SETI, sans toutefois y consacrer des budgets disproportionnés et en veillant à ce que la recherche ait de toutes façons des retombées dans d'autres domaines de l'astronomie.

Nous recommandons aussi que l'on développe les recherches sur les phénomènes aériens non identifiés. Ces recherches sont utiles en ce qu'elles permettent de mieux connaître certains phénomènes naturels et de répondre à l'attente du public. Mais il est rationnel d'émettre l'hypothèse qu'elles ont parfois un rapport avec le sujet de ce livre.

Les recherches sur les PAN doivent se faire à différents niveaux : il faut d'abord établir les faits, par des enquêtes confiées à des organismes officiels et assorties d'une analyse serrée des témoignages et des traces. Cela se fait déjà en France. Une coopération européenne, voire mondiale, serait intéressante. En Europe, elle pourrait comporter la construction et la gestion en commun d'un réseau de stations de détection automatique des objets lumineux insolites. À partir des observations, il convient de mettre en évidence certains aspects fréquents des phénomènes et de tenter de les modéliser. La propulsion MHD, dont l'étude est d'ailleurs justifiée pour l'essentiel par d'autres considérations scientifiques et techniques, est un exemple de modélisation. Il y en a d'autres, qui tombent souvent dans le domaine de la recherche militaire, ce qui limite la coopération internationale. Enfin, la réflexion doit se poursuivre sur les interprétations globales des phénomènes et de leurs éventuelles finalités.

La recherche sur les civilisations extraterrestres comporte d'autres volets, plus classiques, car étroitement liés à des disciplines scientifiques traditionnelles. Citons pour mémoire, parmi ces disciplines, les études sur l'existence de planètes, sur l'origine de la vie, sur l'histoire et les mécanismes de l'évolution, sur l'histoire et la préhistoire des civilisations.

Terminons en rappelant que la conquête de l'espace est un enjeu considérable pour le prochain siècle. Elle doit faire l'objet de la coopération la plus large. Pour l'implantation dans l'espace, les robots sont nécessaires dans un premier temps, mais ils doivent être rejoints par l'homme, lequel doit se doter, selon une recommandation déjà ancienne, d'un supplément d'âme. Il y va de l'avenir de l'humanité.

ANNEXE

Formation et détection des systèmes planétaires

Le Soleil s'est formé à partir de la matière interstellaire il y a 4,6 milliards d'années, comme sous nos yeux se forment encore maintenant de nouvelles étoiles.

La matière interstellaire est principalement composée de gaz, surtout des gaz légers, hydrogène et hélium. À peu près 1 % de sa masse est toutefois sous forme de particules de poussière, appelées grains interstellaires. Dans notre galaxie, cette matière est concentrée dans de vastes bras en forme de spirale, analogue à une roue de feu d'artifice. Elle n'y est pas répartie uniformément : tout au contraire, elle se rassemble en vastes nuages. Par rapport à nos critères terrestres, ces nuages ne sont guère que du vide, les plus denses atteignant tout juste le meilleur vide que nous sachions obtenir dans un laboratoire. Mais ils sont si grands que leur masse peut atteindre plusieurs millions de fois celle du Soleil. En leur sein, d'intenses réactions chimiques se passent, essentiellement sur la surface des grains de poussière qui jouent un véritable rôle de catalyseur. On y a déjà trouvé des dizaines de molécules, de la plus simple, l'hydrogène moléculaire, jusqu'à des molécules organiques complexes, véritables précurseurs de la matière vivante.

Étoiles au berceau

Ces nuages sont de fait les « graines » qui correspondent au tout premier stade de formation des étoiles. L'étape suivante se passe certainement dans les parties les plus denses de ces nuages moléculaires : la matière interstellaire s'effondre brutalement sous sa propre force de gravitation, se fragmente en de multiples centres qui continuent irrésistiblement à s'effondrer, jusqu'à ce qu'une densité critique soit atteinte et que des réactions thermonucléaires s'allument. De nouvelles étoiles sont alors nées. Si convaincant que soit ce canevas, tout au moins pour les astronomes, il faut bien avouer que nous n'en avons jusqu'à présent aucune confirmation vraiment directe. Toutes ces étapes se passent très rapidement (à l'échelle astronomique du moins) et, très vite, le nuage en effondrement s'entoure d'un cocon épais de poussières obscures. Ce sont en somme les voiles du berceau qui nous cachent jalousement les ultimes mystères de la naissance d'une étoile.

Il est maintenant possible de percer quelque peu ces voiles épais, par des observations dans le domaine radioélectrique ou infrarouge, mais jusqu'à présent seul le stade ultérieur, où les puissants vents stellaires de la jeune étoile commencent à repousser son cocon de poussière, a pu sans ambiguïté être directement détecté. C'est alors la sortie, ou plutôt la destruction, du berceau par l'étoile nouveau-née que nous observons.

Fort heureusement pour l'incertitude sur le premier terme de la formule de Drake et, ce qui nous est sans doute encore plus précieux, pour notre existence même, il n'y a aucun doute que des étoiles se forment sans cesse. Nous le voyons au voisinage même du Soleil : la nébuleuse d'Orion, visible à l'œil nu dans la constellation du même nom, en automne ou en hiver, est un véritable chaudron infernal où mijotent plusieurs milliers d'étoiles en gestation. Ce phénomène se répète jusqu'aux confins de notre galaxie (et des autres). Certaines de ces étoiles, les plus bleues, ont une durée de vie de 100000 ans seulement, un clin d'œil à l'échelle galactique ; leur présence en abondance dans ces régions montre bien que la formation d'étoiles se produit encore maintenant, littéralement sous nos yeux.

L'âge des étoiles

L'âge du système solaire est, lui, parfaitement connu : 4,6 milliards d'années. Il a été obtenu, pour l'essentiel, par des mesures directes de radioactivité des roches les plus anciennes, dans le bouclier canadien par exemple. Dans le principe, ces mesures sont semblables à celles qui ont permis de dater des objets manufacturés égyptiens (plusieurs milliers d'années) ou les premiers restes de foyers utilisés par des humains (plusieurs centaines de milliers d'années), mais ici sur une échelle de temps incomparablement plus vaste. Des mesures analogues ont été effectuées sur des météorites, lointains témoins de la formation du système solaire restées quasi inchangées dans le vide de l'espace avant de s'écraser fortuitement sur la Terre. Il est alors possible d'évaluer non seulement l'âge de leur formation mais aussi l'âge d'éléments chimiques lourds présents dans la météorite ; ces éléments ont été créés par les explosions de supernovae qui ont ensemencé le nuage moléculaire géant dont le Soleil et les planètes sont issus.

L'âge total de la Galaxie a été déterminé de façon un peu plus indirecte mais encore très satisfaisante. La composition chimique des étoiles, en particulier l'abondance en certains éléments stratégiques comme le lithium, le carbone, l'azote, peut en effet être évaluée à partir de l'analyse spectrale de leur lumière. Les modèles d'évolution de ces centrales à fusion nucléaire naturelles sont maintenant assez précis pour que l'analyse de ces « déchets nucléaires » (auxquels nous devons d'exister !) donne, entre autres renseignements précieux, l'âge de la centrale. Les plus vieilles étoiles ainsi détectées se sont formées il y a quelque 15 milliards d'années, que nous prendrons donc comme estimation de l'époque originelle de notre galaxie.

Peser la Galaxie

Le nombre d'étoiles est plus difficile à connaître et il va sans dire qu'elles n'ont pas été comptées une par une. Ce qui a été possible par contre, quoique assez délicat, a été de les peser. La « balance » astronomique n'utilise, il est vrai, ni tare ni peson, mais simplement l'effet de la gravitation, dont l'utilisation est universelle pour déterminer la masse des corps célestes.

Dès le XVIIe siècle, la découverte de la loi de gravitation permettait en effet de peser la Terre, puis les autres planètes. Il suffit de connaître le rayon de l'orbite terrestre autour du Soleil et sa vitesse de rotation (qui se déduit aisément de sa période de rotation, de un an par définition) pour calculer la masse de la Terre. De même, la découverte au début du XIXe siècle d'étoiles doubles, c'est-à-dire formées de deux composantes tournant l'une autour de l'autre, a permis — et reste d'ailleurs le seul moyen — de connaître la masse des étoiles. Il suffit pour cela de mesurer leur séparation et leur période mutuelle de rotation.

Pour déterminer la masse totale du disque galactique, la méthode est similaire. La distance du Soleil au centre galactique, visible sous la forme d'une forte condensation d'étoiles vieilles dans la direction du Sagittaire, bas sur l'horizon sud en été, a pu être estimée à quelque 30000 années de lumière. La vitesse de rotation autour du centre galactique dans le voisinage solaire a été mesurée à partir des mouvements des grands nuages de gaz interstellaires et se trouve être de l'ordre de 250 kilomètres par seconde. Cela peut sembler rapide, mais un tour complet de la Galaxie prend quand même 250 millions d'années. En somme, en années galactiques, le Soleil a tout juste 25 ans ! La masse trouvée, elle, est de 150 milliards de fois la masse du Soleil. L'observation détaillée de notre voisinage galactique, un voisinage assez relatif qui s'étend à plus de 100 années de lumière dans toutes les directions, montre que la masse moyenne des étoiles du disque est fort proche de celle du Soleil (elle est en réalité en moyenne un peu plus faible).

Origine du système solaire

Dès le XVIIe siècle, Newton, en découvrant la force de gravitation universelle, a du même coup permis de poser le problème de la formation du système solaire en termes scientifiques. Les théories n'ont pas manqué depuis ! On peut sommairement les classer en deux groupes : les théories « catastrophiques », qui imputent la création des planètes et des astéroïdes à des rencontres exceptionnelles, et les théories « naturelles », qui considèrent leur formation comme un événement normal dans la vie d'une étoile.

Historiquement, les théories catastrophiques ont été avancées les premières. En 1745, Buffon estime que les planètes se sont formées à partir de matière perdue par le Soleil à la suite d'une collision avec une comète. Nous savons maintenant que cette théorie est indéfendable parce que les comètes sont très petites, avec des diamètres qui ne dépassent pas quelques dizaines de kilomètres. Une collision avec une comète n'est qu'un incident mineur, même à l'échelle terrestre : ainsi, lorsque, le 30 juin 1908, un corps céleste, probablement un noyau de comète d'un diamètre de l'ordre de un kilomètre, heurta la Terre dans la région de la Toungouska Pierreuse, en Sibérie centrale, les effets furent relativement faibles. Bien sûr, la détonation fut perçue dans un rayon de plus de 1 000 kilomètres, la forêt détruite sur une aire d'une centaine de kilomètres carrés et l'on aperçut une flamme s'élever jusqu'à 20 kilomètres d'altitude. Mais qu'est-ce qu'un accident de cette nature à l'échelle de la formation d'un système planétaire ?

Les plus grands impacts ont laissé des cicatrices atteignant 50-100 km de diamètre. Il s'agit certes de chocs formidables, et l'un d'eux a d'ailleurs été associé — suivant une théorie, il est vrai, chaudement controversée — à la grande phase d'extinction d'espèces vivantes, dont les fameux dinosaures, à la fin du crétacé. Même alors, ce ne sont que des griffures insignifiantes de l'écorce terrestre. Et, bien sûr, les chutes de comètes ou d'astéroïdes, dont les masses sont un peu plus importantes, sur le Soleil, comme il s'en produit d'ailleurs souvent, sont bien incapables d'arracher quelque matériau que ce soit au Soleil, pour ne pas parler d'un système planétaire tout entier !

Une variante intéressante, et moins aisée à réfuter, a été ensuite proposée par divers physiciens, Jeffreys, Lyttleton, Arrhénius. Elle suppose un choc direct entre le Soleil et une autre étoile. Il est apparu cependant assez vite qu'elle était en contradiction directe avec les remarquables régularités présentes dans le système solaire. Ses principales caractéristiques sont en effet les suivantes :

1. les planètes, sauf Pluton, qui n'est d'ailleurs pas une planète à part entière mais un corps céleste très proche des astéroïdes, tournent toutes dans le même plan, qui est également très proche du plan de rotation du Soleil sur lui-même ;
2. à de rares exceptions près, le sens de rotation et de révolution des planètes et de leurs satellites est le même dans tout le système solaire et correspond aussi au sens de rotation du Soleil sur lui-même ;
3. les orbites planétaires, là encore à quelques exceptions près, sont quasi circulaires, et les distances des planètes au Soleil montrent une progression géométrique régulière, dite loi de Bode.

Toutes ces propriétés suggèrent fortement un lien direct entre le Soleil et son cortège de planètes et, de la même façon, entre les planètes géantes et leur entourage de satellites, reflets fidèles de leurs conditions mêmes de formation.

Dans ce cadre, une théorie ingénieuse, due à Forest Ray Moulton et à James Jeans, toujours dans le domaine des origines « catastrophiques », a longtemps semblé tout à fait soutenable. Elle invoque non plus un choc direct mais un passage rapproché d'une autre étoile au voisinage du Soleil. Ce faisant, l'étoile perturbatrice aurait arraché par attraction de gravitation des jets de matière au Soleil. Par la suite, après son départ, une partie de cette matière aurait acquis assez de vitesse pour se mettre en orbite autour du Soleil et se serait condensée sous forme de « gouttes » : les planètes.

Cette théorie a conservé des adeptes jusqu'au milieu du XXe siècle. Elle donne en effet une explication assez naturelle du plan unique de rotation des planètes et de sa coïncidence avec le plan de rotation du Soleil. Par contre, elle n'a pu expliquer la circularité très précise des orbites, ni d'ailleurs comment les satellites autour des planètes géantes (Jupiter, Saturne, Uranus, Neptune) reproduisent si exactement, loi de Bode comprise, des systèmes solaires en miniature : il faudrait supposer une succession de mini-rencontres, toutes aussi improbables les unes que les autres ! Cette théorie a donc été complètement abandonnée.

Même la théorie du passage rapproché de F.R. Moulton et de J. Jeans, pour ne pas parler des chocs frontaux des théories antérieures, réclame un événement tout à fait exceptionnel parce que les étoiles, en particulier au voisinage du Soleil, sont réparties de façon extraordinairement lâche. À titre d'exemple, si l'on prend comme unité la distance de la Terre au Soleil, la plus proche étoile du système solaire (*Proxima* du Centaure) se trouve à une distance de 300000 unités. C'est déjà impressionnant, mais il faut en réalité comparer les volumes d'espace correspondants. Prenant, là aussi, pour unité le volume de la sphère centrée sur le Soleil et englobant la Terre, celle qui contiendrait *Proxima* du Centaure aurait un volume de 27000000000000000 (27 millions de milliards) ! Un calcul précis montre que, parmi les 150 milliards d'étoiles du disque de notre galaxie, tout au plus une dizaine de telles rencontres rapprochées ont pu se passer depuis son origine même. Les planètes seraient alors rarissimes.

Cette conséquence n'a d'ailleurs pas échappé aux penseurs de l'époque où les théories catastrophiques étaient en vogue, c'est-à-dire de la fin du XIXe siècle et du début du XXe. La plupart des discussions sur l'existence des extraterrestres concluaient alors par la négative, comme J. Jeans dans son livre très populaire *The Universe around us*, édité en 1929.

Fort heureusement pour notre propos, les théories « naturelles », qui expliquent mieux les particularités que nous avons évoquées et sont maintenant adoptées de façon quasi universelle, mènent tout au contraire à considérer les planètes comme un phénomène banal. Leur principe de départ est très simple et se réfère à une expérience bien connue : les livres de « physique amusante » de la fin du siècle dernier décrivent en effet « l'expérience de Plateau », qui consistait à faire tourner une goutte d'huile en suspension dans un liquide. La force centrifuge aplatissait la goutte qui laissait échapper des « planètes » d'huile... C'était seulement un peu trop beau pour être vrai, et l'on se doute que la réalité est notablement plus complexe !

Ce sont Kant, en 1755, puis Laplace, en 1796, qui les premiers ont émis l'hypothèse d'une matière originelle disséminée à l'extrême dans l'espace et composant une sorte de « nébuleuse primitive » formée de gaz et de poussières. Des condensations successives donnent naissance aux étoiles. L'une d'entre elles est le Soleil. Celui-ci prend, en tournant, la forme d'un disque qui s'étire et dont les anneaux périphériques se brisent. Les fragments de ces anneaux se contractent et se refroidissent, donnant naissance aux planètes. À une échelle plus petite, le même phénomène en se répétant peut d'ailleurs expliquer les régularités semblables présentées par les satellites autour des planètes.

Même sous cette forme première, assez fruste, on comprend intuitivement pourquoi les orbites des planètes et des gros satellites sont approximativement circulaires, pourquoi elles sont situées dans le même plan et pourquoi, à de rares exceptions près (dues, semble-t-il, à des chocs dans un lointain passé avec de grosses météorites qui les auraient inversés), les sens de rotation de ces astres sur eux-mêmes sont très semblables.

Il va sans dire que les théories modernes sont plus complexes ; mais, dans l'ensemble, le même ingrédient principal de départ, c'est-à-dire la nébuleuse primitive en forme de disque, a été conservé. Ce disque se forme spontanément parce qu'il suffit que le gaz capturé par le noyau de la future étoile tourne un tant soit peu sur lui-même pour qu'il ne puisse pas tomber directement sur le noyau : il le rate en quelque sorte, de la même façon que les planètes, dont la Terre, passent (heureusement pour nous !) leur temps à rater le Soleil, et forme un disque en rotation autour de l'équateur de l'étoile. Le matériau de ce disque est alors soumis à des forces de friction, la plus importante quantitativement étant celle créée par le champ magnétique ambiant. Les nuages de gaz prennent donc des trajectoires en spirale et tombent vers le centre, exactement comme la bille lancée à grande vitesse sur la roulette du casino, freinée par friction mécanique, spirale lentement vers l'axe de rotation central. Une partie de ce gaz est définitivement capturée et grossit donc l'étoile naissante.

L'énergie gravitationnelle et le moment angulaire libérés par ce processus doivent impérativement se retrouver quelque part : les calculs montrent qu'ils sont réinjectés à l'extérieur par un puissant flux de matière qui part cette fois des pôles de l'étoile, donc à angle droit du disque. Ces jets sont du reste observables, ce qui renforce la confiance que nous pouvons avoir dans ce scénario, pour l'instant purement théorique : s'il y a suffisamment de matière interstellaire autour de l'étoile, des globules de gaz sont chauffés et excités par ces jets et présentent des raies d'émission caractéristiques et facilement détectables par analyse spectroscopique. Ce sont les objets de Herbig-Haro, d'ailleurs découverts bien avant que leur véritable nature ne fût connue. Le gaz du jet, lui-même, peut maintenant être détecté à partir d'émissions de l'hydrogène moléculaire (en ondes infrarouges) ou du monoxyde de carbone (en ondes millimétriques) ; il se déplace à des vitesses supersoniques, de plusieurs dizaines de kilomètres par seconde.

Ultérieurement, cette étape violente, où l'étoile tout à la fois acquiert et rejette de la matière, s'apaise. L'accrétion diminue fortement, les jets polaires disparaissent et la matière déjà éjectée se fond dans le milieu interstellaire. Les objets de Herbig-Haro se refroidissent et deviennent inobservables. Une partie du disque peut alors éventuellement commencer à se coaguler pour former des planètes, et le reste est dissipé par les vents stellaires de l'étoile, où les réactions de fusion thermonucléaire se sont entre-temps déclenchées. Nous savons que la première phase, très active, se déroule typiquement en une centaine de milliers d'années : on peut en effet estimer sa durée moyenne à partir de la fréquence observée de jets supersoniques dans les nuages d'étoiles jeunes proches. La phase suivante de formation éventuelle de planètes, beaucoup plus calme et intime, échappe, du moins actuellement, à l'observation directe et n'a pu être suivie que dans des modèles sur ordinateur, qui lui attribuent du reste une durée comparable.

Il faut souligner que ce schéma global permet d'expliquer la très faible vitesse de rotation de l'étoile sur elle-même, comme celle du Soleil par exemple. Nous avons déjà fait remarquer que le stade final de formation des planètes n'est encore connu que par des analyses théoriques : un triomphe récent de ces théories modernes est que, à partir de la distribution théorique en température dans ce disque protoplanétaire, elles retrouvent la composition chimique observée des planètes, riches en fer pour Mercure, en silicates pour Vénus, la Terre et Mars, en glace pour Jupiter, etc. Cela suggère fortement qu'elles sont, dans leurs grandes lignes tout au moins, correctes et que la formation d'un système de planètes reproduisant la plupart des régularités du système solaire doit être quasiment inévitable.

Il apparaît donc que les théories « naturelles » expliquant la création du système solaire s'étayent sur des arguments de plus en plus solides, ce qui, dans le problème de la vie extraterrestre qui nous préoccupe ici, est un point positif fondamental.

Des preuves indirectes

L'une des caractéristiques mathématiques du système solaire est la répartition de son « moment angulaire ». Le Soleil tournant lentement sur lui-même — en 25 jours — et les planètes tournant autour de lui à de grandes distances, tout se passe comme si ces planètes avaient emporté l'essentiel du mouvement de rotation du Soleil. En termes mathématiques, on dit que les planètes contiennent 98 % du moment angulaire total du système solaire — Jupiter en représentant 60 % à lui seul — alors que le Soleil représente par contre la quasi-totalité (99,9 %) de la masse totale du système solaire.

On peut mesurer la vitesse de rotation d'une étoile sur elle-même par l'analyse spectrale de sa lumière, qui montre des « raies » d'éléments caractéristiques de son atmosphère, par exemple du fer, du calcium, du sodium, etc. Ces raies se décalent, en effet, vers le rouge ou le violet suivant le mouvement que fait cette étoile par rapport à nous : vers le rouge si elle s'éloigne, vers le violet si elle se rapproche. C'est l' « effet Doppler-Fizeau », qui agit sur toute onde, lumineuse ou sonore, et qui permet aux radars routiers de piéger les automobilistes trop pressés !

Si une étoile tourne sur elle-même, l'un de ses bords s'approche de nous tandis que l'autre s'éloigne. La raie spectrale s'élargit donc tant vers le violet que vers le rouge et c'est la mesure de cet élargissement qui donne la vitesse de rotation cherchée. On constate de cette façon que la périphérie de certaines étoiles tourne très vite, à des vitesses de l'ordre de 500 km/s, mais que la majorité est, tout au contraire, animée de mouvements rotatifs relativement lents (pour une étoile!), de 10 km/s ou moins.

Cette disparité ne se produit pas au hasard : il existe toute une gamme pour la température des étoiles, qui va des étoiles très chaudes (classes O et B), à faible durée de vie parce qu'elles épuisent rapidement leur combustible nucléaire, aux étoiles froides (G, comme le Soleil, K, M), dont l'espérance de vie s'exprime en dizaines de milliards d'années. Il est, par parenthèse, inutile que le lecteur cherche un ordre logique dans cette classification, il n'y en a pas, ou plutôt il n'y en a plus, c'est un legs d'essais prématurés de classification des étoiles du milieu du XIXe siècle.

Or, il se trouve que ce sont uniquement les étoiles chaudes qui tournent très rapidement sur elles-mêmes. Par contre, en suivant la gamme descendante de température, on trouve de plus en plus de rotateurs lents : 22 % des étoiles de type A, 55 % de type F et la totalité des types G, K, M tournent à moins de 50 km/s. Tout se passe comme si, au cours de leur évolution, et sans doute très tôt au cours de celle-ci, ces étoiles froides avaient perdu la majeure partie de leur moment angulaire. L'hypothèse la plus « économique » pour expliquer ce phénomène est qu'elles ont éjecté de la matière pour former un système planétaire, de la même façon que le Soleil l'a fait jadis.

On peut vérifier cette hypothèse en remontant dans le temps par le calcul, en supposant que toutes les planètes du système solaire fusionnent de nouveau avec le Soleil. Puisque le moment angulaire d'un système isolé est invariable, il faudra que sa vitesse de rotation augmente pour compenser la diminution de son rayon. Dans ces conditions, la vitesse équatoriale du Soleil approcherait 100 km/s. C'est justement la vitesse qu'il devait avoir dans sa jeunesse, si l'on en juge par les plus rapides étoiles de sa classe.

La formation de planètes semble donc un stade naturel et normal de la vie des étoiles froides. Or, celles-ci représentent les deux tiers des étoiles de notre galaxie. Telle est la première preuve expérimentale, quoique encore fort indirecte, de l'abondance de planètes dans l'Univers!

Les difficultés de l'observation directe

Même vu de l'étoile la plus proche, *Proxima* du Centaure, où le Soleil est une des étoiles les plus brillantes du ciel, Jupiter ne serait qu'un insignifiant point lumineux, un milliard de fois plus faible que le Soleil et, qui plus est, séparé par une distance angulaire minuscule (1/2000 du diamètre de la pleine lune) et donc noyé dans les feux du Soleil. Dans ces conditions, la difficulté de détection directe de Jupiter est la même que de séparer d'un phare de marine placé sur le sommet de la tour Eiffel une simple bougie posée a son pied, le tout observé depuis Nice! Le télescope spatial de 2,40 m de diamètre, lancé en 1990, ne pourrait lui-même, à cause des imperfections de son miroir (le meilleur jamais réalisé pourtant), voir un objet aussi peu lumineux. Pour qu'il parvienne à le discerner, il faudrait que son éclat ne fût pas plus de 10 millions de fois inférieur à celui de l'étoile à laquelle cet objet est associé. De faibles étoiles compagnons d'étoiles brillantes seront sans nul doute détectées par le télescope spatial, mais vraisemblablement pas encore de planètes véritables.

On commence à imaginer des télescopes spécialement conçus pour la recherche de compagnons faibles : ces télescopes feraient appel à des optiques parfaitement polies, analogues aux coronographes employés pour l'observation de la couronne solaire, et pourraient permettre la détection directe de planètes depuis l'espace, ou même au sol. Mais ces télescopes ne verront pas le jour avant le siècle prochain.

L'astronomie infrarouge offre à terme des possibilités plus prometteuses : à la longueur d'onde de 20 µm (20 millièmes de millimètre), l'écart angulaire entre une étoile et son « Jupiter » sera le même, bien sûr, mais le rapport des flux n'est plus que de 10000, ce qui est déjà beaucoup plus raisonnable. Il est cependant très difficile d'observer depuis le sol : l'atmosphère terrestre transmet mal dans ce domaine de longueurs d'onde, même dans les sites les plus secs et, surtout, elle émet un fond lumineux, de nuit comme de jour, d'une brillance effroyable, qui gêne considérablement les mesures. Un montage séduisant, mais extrêmement complexe, a été proposé : des dizaines de télescopes pointeraient la même étoile ; leurs images infrarouges respectives seraient transmises par un nombre égal de fibres optiques et combinées pour donner une vue de l'étoile et de ses planètes, avec une résolution angulaire et un pouvoir de détection inégalés.

De façon encore plus directe, on pourra sans doute un jour « voir » des planètes avec de grands télescopes spatiaux infrarouges, qui ne seront probablement en orbite que vers le milieu du XXIe siècle, mais qui profiteront alors de cieux noirs et parfaitement transparents. Il est donc à craindre qu'il ne faille attendre encore assez longtemps pour disposer enfin d'observations décisives de planètes. Plusieurs types d'observation indirecte sont par contre d'ores et déjà très prometteurs.

Observations indirectes

On peut d'abord penser à observer l'assombrissement de l'étoile provoqué par le passage d'une planète devant elle. L'effet est faible, de l'ordre de 1 %, mais, avec des techniques de mesures photométriques courantes, tout à fait mesurable par ciel pur. Ce n'est guère aisé toutefois sur le plan pratique : il faut d'abord que l'observateur sur Terre soit par pure chance dans une position très proche du plan de l'orbite de la planète autour de son soleil. Il faut ensuite avoir la chance de la regarder au bon moment, ou la patience de le faire longtemps : l'occultation ne durera guère qu'une vingtaine d'heures sur une période totale de douze ans. Et encore faudra-t-il qu'il fasse très beau cette nuit-là pour différencier le faible assombrissement dû à une planète nouvellement découverte de la présence banale de cirrus dans l'atmosphère terrestre au moment des observations.

Ces objections ne sont probablement pas insurmontables. En effet, en sélectionnant les étoiles à la rotation la plus rapide dans leur classe comme objets d'étude préférés, on augmente beaucoup la probabilité d'être situé très près de leur plan de rotation et, par conséquent, du plan de rotation de leurs planètes respectives, si elles en ont. Il est également possible en principe d'observer simultanément plusieurs dizaines, voire plusieurs centaines d'étoiles, par exemple en captant leur flux par des faisceaux de fibres optiques, pour augmenter les chances d'attraper au vol ces occultations si rares.

Une autre méthode de détection existe, qui a déjà donné des résultats, fort discutés il est vrai. Son principe est fondé sur le raisonnement simple que voici : on dit toujours que la Terre tourne autour du Soleil. Et bien, ce n'est pas tout à fait vrai ! En réalité, l'une et l'autre tournent autour du centre de gravité du système solaire, qui n'est pas situé au centre du Soleil, mais tout près de sa périphérie, l'écart étant dû à la masse des planètes, essentiellement de Jupiter. Ainsi, le Soleil décrit un cercle de 700000 kilomètres de rayon en douze ans, c'est-à-dire en l'espace d'une année jovienne. Et de patients astronomes travaillant sur *Proxima* du Centaure pourraient mesurer ce déplacement anormal, mais minuscule, du Soleil et en déduire l'existence de Jupiter sans pour autant le voir directement.

L'effet est très faible cependant. Il correspond, toujours pour un hypothétique Jupiter, à un déplacement angulaire de l'étoile perturbée de 0,005 seconde de degré seulement ou, pour reprendre notre étalon habituel, de 1/400000 du diamètre de la pleine lune. Les meilleures images possibles à partir du sol, élargies comme elles le sont par les couches turbulentes de l'atmosphère terrestre, que traversent nécessairement les rayons lumineux, sont de l'ordre de 0,5 seconde. Il faut donc mesurer un déplacement d'une tache lumineuse cent fois plus petit que le diamètre de la tache elle-même. Ou, pour prendre une autre comparaison, observant une pièce de 5 F à une distance de 20 kilomètres, on veut détecter une oscillation de un demi-millimètre sur une période de 12 ans !

Le raisonnement exprimé ci-dessus a déjà largement fait ses preuves en permettant de découvrir des compagnons stellaires faibles autour d'une étoile brillante ; ces compagnons, beaucoup plus massifs et parfois plus proches de l'étoile principale qu'une planète, ont l'avantage de provoquer des déplacements nettement plus importants, quoique encore bien faibles.

Ce sont des mesures très délicates et, ce qui est plus déprimant, surtout de durées très longues, qui permettent de rechercher les planètes de cette manière. Mais l'astronomie est une science qui défie le temps. Et c'est parfois l'entassement méthodique des observations et des calculs pendant des dizaines d'années, voire des siècles, qui lui permet d'avancer.

Les conclusions actuelles sont à prendre avec des pincettes : la plupart des étoiles proches apparaissent dotées de compagnons invisibles. Généralement, ces compagnons ont une masse trop importante pour qu'on puisse parler de planètes ; il s'agit plutôt de petites étoiles sombres (des *naines brunes*). On a parlé de quelques cas limites, où le compagnon aurait une masse de l'ordre de grandeur de celle de Jupiter, mais les mesures sont si délicates qu'on ne peut annoncer aucune découverte certaine.

Des améliorations considérables de ces instruments, dits « astrométriques », ont été déjà obtenues mais, comme il faut 15 ans pour annoncer une première possibilité de détection et 30 ans pour la confirmer, elles ne porteront sans doute leurs fruits qu'au siècle prochain. Des satellites prendront alors probablement le relais : s'affranchissant des perturbations de l'atmosphère terrestre, ils permettront des mesures bien plus précises mais, par contre, toujours aussi longues !

Enfin, une troisième méthode, très prometteuse, utilise la variation de vitesse radiale de l'étoile, c'est-à-dire la variation de la composante de rapprochement ou d'éloignement de l'étoile par rapport à nous. L'effet Doppler-Fizeau, toujours lui, dû ici à la rotation de l'étoile centrale autour du centre de gravité du système, ne reflète qu'un changement de 10 à 20 mètres par seconde, toujours étalé sur 10 à 20 ans. C'est là un effet minuscule, mais depuis une dizaine d'années, en principe à la portée des techniques modernes.

Le premier candidat sérieux a été trouvé par R. Griffin, de l'observatoire de Cambridge, qui a mesuré de façon répétée la vitesse radiale de l'étoile HR152, une étoile standard, c'est-à-dire réputée être un bon étalon, à vitesse parfaitement constante. Pour accroître la précision, l'instrument utilisait une nouvelle technique, dite « de corrélation », où la vitesse radiale est mesurée simultanément à partir des positions de centaines de raies spectrales différentes. Contrairement à toute attente (pour une étoile standard !), les mesures ont révélé une faible variation de vitesse, d'une amplitude de 700 m/s et qui se répète très régulièrement avec une période de 576 jours. Cela correspond à un compagnon dont la masse est d'environ 35 fois celle de Jupiter. C'est une masse importante, mais déjà en dessous de la limite théorique de 60 fois celle de Jupiter, qui est le minimum nécessaire pour entretenir la fusion thermonucléaire et donc pour parler d'une véritable étoile.

Un compagnon encore plus léger a été ensuite découvert en 1988 par une collaboration franco-suisse et, indépendamment, par une équipe nord-américaine. La même technique de corrélation a été utilisée par les deux groupes, et il s'agissait encore d'une étoile standard, répondant au nom assez peu poétique de HD 114762. Cette étoile est d'un type très proche du Soleil et se trouve dans la constellation de la Chevelure de Bérénice, à 90 années de lumière de distance. Sa vitesse radiale fluctue de façon parfaitement périodique, en 84 jours seulement, et avec une amplitude de 500 m/s. Cela place une planète encore énorme, dont la masse est de l'ordre de 10 fois celle de Jupiter, sur une orbite très semblable à celle de Mercure autour du Soleil. Si nous pouvions aller sur place, le spectacle devrait être impressionnant !

La même année, un compagnon planétaire de masse analogue à celle de Jupiter a été enfin repéré, à la suite de très longues mesures. En effet, un suivi régulier de cinq étoiles a été mis en chantier pratiquement dès la mise en opération, en 1979, du télescope de 3,60 m situé à 4 200 m d'altitude sur la grande île d'Hawaii, géré conjointement par le Canada, la France et l'université d'Hawaii. Une nouvelle technique, où les positions des raies d'absorption de l'étoile candidate sont en permanence comparées aux raies très fines et très stables données par une cuve remplie d'acide fluorhydrique et placée sur le trajet du faisceau lumineux, permet des mesures encore plus précises que les méthodes par corrélation. Le promoteur de la méthode, D. Campbell, un astronome canadien, a en particulier détecté une variation apparemment périodique de 20 m/s sur environ 6 ans de l'étoile *Epsilon Eridani*. La masse de la planète correspondante est semblable à celle de Jupiter, le rayon de son orbite environ 40 % plus petit.

Ce résultat spectaculaire reste à confirmer ; une variation de vitesse radiale d'une étoile peut en effet ne refléter qu'une simple pulsation de son atmosphère, et il faut vérifier que cette très faible variation se répète régulièrement, mais il est quand même déjà tout à fait possible qu'il s'agisse bien là d'une véritable planète de taille « normale », pour la première fois réellement entrevue. Deux autres des étoiles suivies ainsi de façon régulière montrent également des signes prometteurs.

La détection de planètes extrasolaires, on le voit, a déjà commencé, et on s'attend à une moisson non négligeable de telles découvertes dans les vingt prochaines années. Au XXIe siècle, le développement déjà évoqué de télescopes dans l'espace, dont les faisceaux lumineux issus de la même étoile pourront être recombinés de façon cohérente sur un foyer commun, permettra non seulement la détection directe de planètes aussi petites que la Terre, mais peut-être même leur étude spectroscopique pour y détecter les signes éventuels de vie.

Une telle analyse à distance de notre propre planète montrerait la présence d'ozone, liée au développement d'êtres vivants à sa surface. Elle détecterait aussi le méthane contenu dans l'atmosphère terrestre et qui vient pour une grande part de la culture du riz et de la digestion des vaches, mais aussi, il est vrai, de phénomènes naturels comme les rejets de volcans. Mais le fait le plus décisif serait probablement l'observation de quantités importantes d'oxygène moléculaire dans l'atmosphère. Ce gaz est extrêmement réactif, et son origine doit presque tout à la photosynthèse, essentiellement effectuée par les algues marines. Il est, par chance, relativement aisé à détecter, à partir d'une bande d'absorption intense et large dans l'infrarouge proche, à 0,76 mm de longueur d'onde.

Si les planètes ne font encore, on le voit, sur la scène astronomique que des apparitions bien timides, les preuves que des étoiles jeunes sont bien souvent entourées de matière se sont multipliées depuis peu.

Les exemples les plus spectaculaires tirent leur origine d'un relevé quasi complet du ciel en infrarouge mené, en 1983, par un satellite hollando-américain appelé *IRAS*. Près de 20 % des étoiles proches de nous ont alors montré un excès de lumière dans l'infrarouge, dont l'explication la plus naturelle est qu'elles soient entourées d'un disque protoplanétaire de poussière et de gaz. Ces disques devraient alors « naturellement » se condenser et former des planètes par accrétion. L'excès infrarouge deviendrait alors, comme pour le système solaire vu de loin, quasiment négligeable.

De semblables détections ont été faites au sol, en 1989, mais par une technique radicalement différente. Toute étoile, y compris le Soleil, éjecte une quantité notable de gaz dans toutes les directions ; c'est ce que l'on appelle le vent stellaire. Un spectrographe au foyer d'un télescope détectera donc du gaz de toutes vitesses, de rapprochement comme d'éloignement, et cela en quantités égales, sauf toutefois si un disque de poussière se trouve autour de l'étoile. Absorbant une partie de la lumière émise par l'étoile, il déséquilibrera en effet la distribution de vitesses. Vingt étoiles jeunes ont été ainsi observées dans le nuage moléculaire du Taureau, l'un des plus proches de nous, mais encore trop loin pour pouvoir y observer directement un disque de poussières, par une équipe américano-germanique. Elles ont toutes montré des indices très nets d'un tel disque protoplanétaire.

Mais la démonstration la plus spectaculaire vient de l'observation d'une des étoiles détectées justement par le satellite *IRAS* et présentant un grand excès de lumière infrarouge, *Bêta Pictoris* (v. photo hors texte p. VIII). Par pure chance, son disque de poussière, grand comme 4 fois le système solaire, est vu exactement de profil, ce qui lui confère une brillance exceptionnelle, quand même encore près de dix mille fois plus faible que celle de l'étoile elle-même. Ce disque a pu être « photographié » en 1985 par des astronomes californiens utilisant un disque occulteur placé au foyer du télescope pour éliminer la plus grande partie de la lumière parasite due à l'étoile centrale.

Voyons-nous là, pris sur le fait, un système planétaire en train de se former ? On est bien tenté de l'admettre, mais rien ne permet encore de l'affirmer avec certitude. Les mesures en infrarouge du satellite *IRAS* ne permettent de calculer que la taille minimale des grains, qui est d'au moins 0,1 mm de diamètre. Si c'est aussi leur taille moyenne, leur masse totale n'atteint pas le centième de la masse de la Terre, ce qui est évidemment bien insuffisant pour former par la suite un système planétaire. Mais, comme pour les anneaux de Saturne ou les noyaux de comètes, rien n'empêche aussi que la masse soit principalement sous la forme de gros noyaux de 10 ou 100 mètres de diamètre, qui s'apprêtent par agglutination à former un autre système solaire. De même, la mesure du gaz dilué situé dans le disque et détecté à partir des raies d'absorption fines qu'il cause dans le spectre de l'étoile montre aussi une masse très insuffisante, mais ne nous révèle rien du gaz capté par d'éventuelles comètes, astéroïdes, voire déjà des planètes.

Un indice cependant permet d'être optimiste : des raies d'absorption du gaz dans le spectre de l'étoile montrent des variations exceptionnelles, de plusieurs centaines de kilomètres par seconde sur parfois moins d'une heure. Ne s'agirait-il pas de comètes qui tomberaient par milliers chaque année sur l'étoile centrale et y seraient consumées ? Les traînées de gaz à grande vitesse qu'elles laissent avant de disparaître définitivement, détectées par des spectrographes puissants au foyer de grands télescopes sur la Terre, seraient alors le dernier témoin de cette hécatombe, que nous imaginions déjà, il y a plusieurs dizaines d'années, s'être produite à l'origine du système solaire, alors que l'espace entre les planètes était encore très encombré des résidus de nombreux planétoïdes.

La proportion d'étoiles multiples

Les étoiles proches, d'une masse raisonnable d'au moins un cinquième de celle du Soleil, ont été repérées à partir de l'analyse spectrographique des 200000 objets les plus brillants du ciel et, pour des distances faibles, d'une trentaine d'années de lumière au plus, l'échantillon obtenu est quasi complet. On recense dans une telle sphère 73 systèmes distribués en 1 quadruplet, 5 triplets, 23 systèmes doubles et 44 — soit 40 % seulement du nombre total d'objets — apparemment isolés. Et encore, il y a de fortes présomptions qu'à peu près la moitié de ces 44 rescapés correspondent en fait à des étoiles doubles serrées.

Ce résultat s'inscrit du reste fort bien dans la perspective moderne de formation stellaire par effondrement d'un nuage moléculaire. La masse minimale qui puisse s'effondrer spontanément est de plusieurs milliers de fois la masse solaire, et la formation de couples serrés d'étoiles, doubles ou plus, est un moyen idéal d'évacuer l'excès de moment angulaire qui s'oppose justement à la formation de ces étoiles. L'étude théorique de ces systèmes montre que les étoiles doubles constituent des systèmes extrêmement stables ; il n'est donc pas étonnant de les retrouver en si grande abondance, plusieurs milliards d'années après leur formation, dans la banlieue solaire.

Il est intéressant que les mêmes recherches révèlent que beaucoup de systèmes de plus de deux étoiles sont, par contre, violemment instables. Usuellement, un ou plusieurs « intrus » sont brutalement éjectés, parfois à plus de 100 km/s. Le couple rescapé raffermit ses liens, c'est-à-dire que les deux étoiles restantes tournent l'une autour de l'autre sur une orbite plus serrée qu'avant l'expulsion. On peut voir d'intéressantes analogies dans le comportement humain !

BIBLIOGRAPHIE

Ouvrages généraux

Sur la vie extraterrestre

F. BIRAUD et J.C. RIBES, *le Dossier des civilisations extraterrestres*, Fayard, 1970.

C. SAGAN, *Cosmos*, Mazarine, traduit de l'américain, 1981.

F. CRICK, *La vie vient de l'espace*, Hachette, traduit de l'anglais, 1981.

R.T. ROOD et J.S. TREFIL, *L'Univers : sommes-nous seuls?* Belfond, 1985.

J. HEIDMANN et J.C. RIBES, *À la recherche des extraterrestres*, Nathan, 1985.

E. SCHATZMAN, 1986, *les Enfants d'Uranie*, Le Seuil, 1986.

E. DAVOUST, *Silence au point d'eau*, Technea, 1988.

Société astronomique de France, *Spécial exobiologie*, l'Astronomie, 1989.

Sur l'astronomie

Ph.de LA COTARDIÈRE, *Astronomie*, Larousse, 1989.

Sur la biologie

J. de ROSNAY, *L'Aventure du vivant*, Le Seuil, 1988.

Introduction à la première partie

F. DRAKE, *Intelligent Life in Space*, Macmillan, 1962.

Chapitre 1 et 2. La multitude des autres planètes. Les planètes propices à la vie

(Voir ouvrages généraux d'astronomie et de biologie ci-avant.)

Chapitre 3. L'émergence de la vie et de l'intelligence

J. RUFFIE, *Traité du vivant*, Fayard, 1982.

M.V. LOCQUIN, *Aux origines de la vie*, Fayard, 1987.

J.J. HUBLIN, *l'Évolution de la vie*, Flammarion, 1981.

S.J. GOULD, *le Sourire du flamant rose*, Le Seuil, traduit de l'américain, 1986.

Y. COPPENS, *le Singe, l'Afrique et l'homme*, Fayard, 1983.

J. GUILAINE, *la Préhistoire*, Larousse, 1986.

Chapitre 4. Civilisations de technologie avancée

J. GUILAINE, *la Préhistoire*, op. cit., 1986.

P. GUAYDIER, *Histoire de la physique*, PUF, 1964.

Ch. T. LE ROUX, *Gavrinis*, Guides archéologiques de la France, ministère de la Culture, Imprimerie Nationale, 1985.

R. JOUSSEAUME, *Des dolmens pour les morts. Les mégalithes à travers le monde*, Hachette, 1985.

Chapitre 5. Un scénario pour les 25 siècles à venir

G. O'NEILL, *les Villes de l'espace*, Laffont, traduit de l'américain, 1978.

A. LEBEAU, *l'Espace en héritage*, Odile Jacob, 1986.
National Commission on Space, *Pioneering the Space Frontier*, Bantam Books, 1986.
J.P. PETIT, « Recherches pour un avion du futur » in *Techniques avancées*, plaquette de l'E.N.S.T.A., 1988.
H.K. FLORIG, « The Future Battlefield, a Blast of Gigawatts » in *IEEE Spectrum*, mars 1988.
W.B. SCOTT (Edwards Air Force Base), « USAF Predicts Antimatter Propellants could be in Use by Early 21st Century », in *Aviation Week and Technology*, 21 mars 1988.

Chapitre 6. Les OVNIS

E.U. CONDON, 1969, *Scientific Study of Unidentified Flying Objects*, Bantam Books, 1969 (épuisé).
C. SAGAN et T. PAGE, *UFO's, a Scientific Debate*, Cornell University Press, 1972. Réimprimé en 1974 par Norton, ce livre est le recueil des communications présentées au colloque de l'AAAS de décembre 1969.
J.A. HYNEK, *les Objets volants non identifiés, mythe ou réalité?* Belfond, traduction du livre *The UFO Experience, a Scientific Enquiry*, paru en 1972 aux États-Unis, 1974.
L. FAWCETT et B.J. GREENWOOD, *Clear Intent*, Prentice Hall, 1984.
V. MIGOULINE, « Les phénomènes aérospatiaux non identifiés à l'étude en Union soviétique », in *la Recherche*, juillet 1979.
A. ESTERLE, « Les phénomènes aérospatiaux non identifiés à l'étude en France », in *la Recherche*, juillet 1979.
GEPAN, notes techniques 1 à 17 ; notes d'information 1 à 4 ; plaquettes de présentation annuelles, 1978 à 1983.
J.C. BOURRET, *le Nouveau Défi des OVNIS*, France Empire, 1976.

Chapitre 7. La recherche de signaux extraterrestres

A. CAMERON, *Interstellar Communication*, Benjamin, 1967.
J. HEIDMANN, « Mega-SETI, à la recherche des extraterrestres », *Ciel et Espace*, n° 225, 1988.

Chapitre 8. Vers une civilisation galactique

J.P. LUMINET, *les Trous noirs*, Belfond, 1987.
R. FORWARD, *la Magie du futur*, Le Rocher, 1987.

INDEX

Aubin Imprimeur
LIGUGÉ, POITIERS

N° d'édition 15930 / N° d'impression L 36875
Dépôt légal septembre 1990 / Imprimé en France
(Printed in France) — 740063 A — Décembre 1990